文德 ○主编

心态决定人生

中国华侨出版社
·北京·

心态决定人生

前言

心态是人们对事物的看法和认识,是内心的想法,是一种稳定的思维方式。有什么样的心态就决定了你对事物有什么样的看法,而这种看法直接决定着你的行为。一系列的行为组合起来就是一个人的人生,就是一个人的命运。有的人坚强乐观,成为生活中的强者;有的人胆小懦弱,被生活所奴役;有的人平和豁达,是生活的智者;有的人斤斤计较,永远被得失困扰;有的人志存高远,成就了一番事业;有的人目光短浅,只能困在自己的一方小天地中……好的心态,可以塑造成功的人生;而坏的心态,则会让你的人生暗淡无光。所以,使人走向成功的好心态,就像闪闪发光的金子,璀璨耀眼,弥足珍贵。

一位哲人说:"你的心态就是你真正的主人。"一位伟人说:"要么你去驾驭生命,要么生命驾驭你。你的心态决定谁是坐骑,谁是骑师。"其实,客观事物是很难改变的,但是当我们改变不了外物时,却可以改变自己的心态,所谓"境由心生"便是由此而发。正是因为心态的不同,才使人看到了不同的世界:消极的人看到的永远是失败和痛苦,而积极的人总会看到阳光和希望。心态可以靠自己把握，能不能登上成功的峰巅，取决于你对待这座山峰的心态。记住，你的脚永远比山要高。人生在世，每个人都不可避免地要经历苦雨凄风，面对艰难和诱惑，拥有什么样的心态，将直接决定你的人生轨迹。

在现代社会中，心态已经成为竞争的制胜武器，专业知识的拥有很容易，技能的完善也不难，只有心态才是体现一个人价值的重要因素。心态是学历、经验、人格和内在精神的总和，心态比教育、金钱、环境更重要。就像一位哲人说的："人生所有的一切都必须排在心态之后。"的确，在心态这一内在力量的驱动下，我们常常会激发自身的无限潜能，而这种潜能，如果被正确地运用，结果会远远超出我们最美好的构想。有人说，就算我们到最后什么都失去了，但至少我们还能以踏踏实实的心态去生活。的确，心态永远是你成功的基石。无论你想要金钱、权力，还是想要幸福的家庭，只要你拥有了积极快乐的心态，你就什么都可以得到。在未来的人生和世界里，心态是最根本的竞争力。

走进这本书，你即将开始的不仅仅是一个阅读的旅程，更是一个打造心态、学习掌控自己人生命运的旅程。托尔斯泰说过："我劝所有的人都要想到自己的翅膀，要向上高飞。"其实每个人都有自己的理想，心态就是你理想的翅膀，改变你的心态，你就能张开翅膀，飞向理想的天堂，成为一个卓尔不凡的人，拥有一个卓越的人生。

第一章　心态决定人的一生

改变心态，改变人生/2

真正的魅力不是外表，是心态/5

冲破禁锢心态的心茧/8

始终拥有积极心态/11

完美心态在于容纳不完美/14

改变自己，世界因你而不同/17

心中充满阳光，世界才会透亮/20

心态对了，状态就对了/22

心态决定你的人生，不要试图和自己过不去/23

第二章　做自我心态的主宰

自我暗示：成功旅程的开始/26

描绘自己的心灵地图/29

自我期待，让梦想成真的"皮格马利翁"效应/32

有效的自我激励：让你在任何情况下都不会被打倒/35

学会心理调控/39

PMA黄金定律：走向成功的黄金法则/42

不受环境影响，掌握人生主动权/46

积极是永不服老的"年轻态"/49

第三章　你是最好的自己

每个生命都不卑微/53

强大的自信心让你远离痛苦/55

信心是力量与希望的源泉/58

从现在起，不再对自己进行否定/60

克服自卑的11种方法/63

自信，人生才能有幸/66

勇于将愿望付诸行动/69

第四章　在难熬的日子笑出声来

人生没有真正的难题/73

生活是一片百花园，苦难也芬芳/75

没有永久的不幸/77

困难是弹簧，你弱它就强/79

困境是一种历练/82

人这一辈子总有一个时期需要卧薪尝胆/84

祸福相依，悲痛之中暗藏福分/87

人生没有绝境，只有绝望/89

人生没有绝对的苦乐/91

第五章　别让坏脾气害了你

世上难以突破的关口是"心狱"/94

多疑的人首先猜测的是自己/97

仇恨的阴影下不会有多彩的天空/100

疏导压抑，给当下解绑/103

放下焦虑，才能得到安宁/106

别被恐惧的魔鬼"附身"/108

烦躁成不了大事，持重守静才是根本/110

第六章　一生气你就输了

操纵你的是隐藏在内部的情绪/114

火气太大，难免被打入恶者的行列/116

暴躁是发生不幸的导火索/118

愤怒既摧残身体又摧残灵魂/122

卸下情绪的重负，对自己说"没关系"/124

别让怨气毁了自己/126

冲动常常让人丧失理智/128

不斗气，不生气/130

第七章　善待自己，别让压力毁了你

善待自己，给压力一个出口/133

克服紧张情绪，学会放松自己/136

给"活得累"开个新药方/139

放下，更轻松/142

常给心灵做"按摩"/146

善待压力从自制开始/149

第八章　给自己一个"不抱怨的世界"

抱怨生活，不如经营生活/152

别把抱怨的"枪口"对准每一个角落/155

抱怨不如改变/157

抱怨让你忽略身边的幸福/159

不抱怨是一种智慧/162

第九章　知足常乐，别让太多的欲望压垮了人生

欲望让你的人生烦恼不安/165

尘世浮华如过眼云烟/168

看淡名利/171

放弃生活中的"第四个面包"/173

功成身退任自如/175

第十章　有一种心态叫舍得，有一种境界叫放下

智慧的人懂得适时放手/179

得到未必幸福，失去未必痛苦/181

想抓住的太多，能抓住的太少/183

善于取舍的智慧/185

不要害怕放弃/187

勇于选择，果断放弃/190

紧紧攥住黑暗的人永远都看不到阳光/192

第十一章　有一种幸福叫感恩

感恩是对生命的一种珍惜/195

感恩是一种付出/198

心中有爱，才能感恩/201

感恩，让我们坦然面对人生的坎坷/204

施与爱心，体现生命价值/207

不要把拥有视为理所当然/210

感恩对手/213

善待生命的每一分钟/215

对工作充满感恩/218

第十二章　由心出发，创造成功幸福的人生

心态的惊人力量/220

"贵族心态"，圆满人生的保证/223

好心态让你更优秀/226

好心态解密幸福生活/230

态度，事业成功的关键/233

心有多大，舞台就有多大/237

内心充满热量，才能释放热量/239

用心呵护梦想/242

第一章

心态决定人的一生

改变心态，改变人生

一个人一生的境遇与他的心态密切相关。例如，同一个人在不同的时刻，因为思想、性情、情绪的不同，就会怀有不同的心态，于是所表现出的精神状态也截然不同——或强或弱，或和谐或紊乱，等等。

正因如此，每个人可以通过改变自己的心态来改变自己的生活和命运。对此，著名的心灵励志大师安东尼·罗宾斯曾在课堂上讲述过一位汤姆森太太的经历，恰巧是非常好的印证。

二战时，汤姆森太太的丈夫到一个位于沙漠中心的陆军基地驻防。为了能经常与他相聚，她也搬到那儿附近去住。那实在是个可憎的地方，她简直没见过比那里更糟糕的地方。她丈夫出外参加演习时，她就一个人待在那间小房子里。那里热得要命——仙人掌树荫下的温度高达50摄氏度，没有一个可以谈话的人；风沙很大，到处都充满了沙子。

汤姆森太太觉得自己倒霉到了极点，觉得自己好可怜，于是她写信给她父母，告诉他们她放弃了，准备回家，她一分钟也不能再忍受了，她宁愿去坐牢也不想待在这个鬼地方。她父亲的回信只有三行，这三句话常常萦绕在她的心中，并改变了汤姆森太太的一生：

有两个人从铁窗朝外望去，

一人看到的是满地的泥泞，

另一个人却看到满天的繁星。

于是她决定找出自己目前处境的有利之处。她开始和当地的居民交朋友。他们都非常热心。当汤姆森太太对他们的编织和陶艺表现出极大的兴趣时，他们会把拒绝卖给游客的心爱之物送给她。她开始研究各式各样的仙人掌及当地植物，试着认识土拨鼠，观赏沙漠的黄昏，寻找300万年以前的贝壳化石。

是什么给汤姆森太太带来了如此惊人的变化呢？沙漠没有改变，改变的只是她自己。因为她的心态改变了，正是这种改变使她有了一段精彩的人生经历，她发现的新天地令她既兴奋又刺激。于是她开始着手写一部小说，讲述她是怎样逃出了自筑的牢狱，找到了美丽的星辰。

故事的最初，汤姆森太太感觉自己"倒霉到了极点"，这种消极的心态引发了自身的消极状态——相信自己就是倒霉的、无力改变现状的，于是"宁愿去坐牢也不想待在这个鬼地方"。后来，父亲的回信改变她的心态，使她"决定找出自己目前处境的有利之处"。这种由内心发出的状态改变，激发了她的积极力量——相信自己是可以改变自身处境的。于是，她唤起了自己对编织和陶艺的兴趣，挖掘出自己对当地动植物研究的兴趣及潜能，并最终找到生命中"美丽的星辰"。

汤姆森太太由消极向积极、由失败向成功的人生转变说明了一个朴素的道理：人可以通过改变心态来改变自己的人生。这也充分证明了心态的强大力量，心态革命是开启人生动力的神奇之门。

有人说，困难、挫折、失败是胜利、喜悦、幸福的双生儿。没错，人生总是这样顺逆交替，犹如黑夜、白天或四季之变更。但是在现实生活中，真正能看清这一点的人其实并不多，这是因为有些人并没有意识到心态对人生的强大影响，并没有明白心态的力量究竟有多大。对此，美国科学家曾通过研究发现，一个人一生的能量全部收集起来换算成电能，可以照亮北美大陆一个星期，如果用金钱去衡量，相当于数百亿美元。

当我们为"心态→人生"的强大力量咋舌的同时，似乎更应该认真思考一下：困境时常来临，大的叫苦难、失败，小的叫失落、挫折，大大小小的困境构成人生特有的色彩，人们给予它们的颜色或黑或灰，然而，这一切不正是我们的心态所赋予的吗？

最后，不妨思考一下：此刻，自己的人生处于什么样的位置？自己心境处于什么样的状态？无论答案是什么，你都要清楚地知道，遭遇逆境并不等于宣判我们命运的"死刑"，真正的法官永远是我们自己。只有我们自己才有资格对神圣的生命做出判决，而调整心态的能力将影响你手中的判笔。

大文豪巴尔扎克说："世界上的事情永远不是绝对的，结果完全因人而异。苦难对于强者是一块垫脚石，对于能干的人是一笔财富，对弱者是一个万丈深渊。"不同的心态，直接影响着我们人生的状态和发展趋势。修炼黄金心态，提高心灵力量，也会随之激发人生的强劲动力。

真正的魅力不是外表，是心态

众所周知，艺术院校的女孩一般都青春靓丽，优雅动人，举手投足间散发着强大的气场。这是为什么呢？难道这种充满魅力的气场是天生的吗？不！好莱坞经典电影《出水芙蓉》中的一个片段为我们揭秘了这种神奇的心态养成术：在形体室里，女孩们一字排开，练习着芭蕾手位。这时，老师对她们说："你们想不想成为世界上最有魅力的女人？""想！""那就从现在开始，告诉自己——我就是世界上最有魅力的女人！"

由此可见，真正的魅力不是来自于脸蛋，而是源自心态。也许外表会让你拥有比较强大的气场，但是想要让自己的气场散发无穷的魅力，我们就必须拥有阳光心态。因为阳光心态会让你的能量不断向外涌动，在与他人进行能量交流时有效地感染对方，让对方感受到自己的强大魅力。

美国内华达州有一个13岁的女孩儿，叫玛丽。她总觉得自己不讨男孩子喜欢，因此很自卑。一天，玛丽在上学的路上经过一个商店，被里面一只绿色蝴蝶结发卡深深吸引住了。她戴上它的时候，人们都说很漂亮，这个发卡很适合她，于是玛丽用所有的零用钱买下了这只蝴蝶发卡，她兴致勃勃地去了学校。

"玛丽！你今天看起来真漂亮！"平时不怎么跟她说话的同桌赞美她；老师也在课前拍拍玛丽的肩膀说："你昂起头的样子真美！可爱的玛丽！"真是神奇的发卡！她那天收到了很多夸奖和赞美，这是以前从来没有过的！甚至有男孩子约她出去玩！玛丽变得开朗、活泼了，同学们更加夸她比以前漂亮了许多。

玛丽心想,这一切都是因为这只神奇的发卡啊!既然它这么有魔力,为什么不再买一只呢?放学后,她立即跑到那个商店。

这时,店主笑呵呵地迎上来说:"可爱的小姑娘,我就知道你会回来取你的发卡的,早上我发现它躺在地上的时候,你已经跑远了。喏,现在物归原主。"

原来玛丽的头上根本没有戴所谓的发卡!是信念使她变得漂亮,让玛丽拥有了无与伦比的魅力气场,她才能在一天里吸引那么多人的注意和赞美!真正吸引人的不是外表,而是心态。当你相信自己是最美丽的女孩时,让自己的心中充满阳光时,你的身上就会散发出光彩夺目的气场,让周围的人不由自主被你吸引;而如果你认为自己的心中充满了乌云,那么即使是再美丽动人的外表也会黯然失色的。如果能够时刻让自己拥有阳光心态,总是从积极的角度去看待问题、不断强化你的气场,那么你就会如太阳一样散发自己的魅力光芒。

那么,在竞争激烈的社会中,我们又如何拥有阳光心态,散发自己的魅力呢?

第一,要树立多元化成功的思维模式。

在现代社会中,太多的人不由自主地陷入了一元化成功的陷阱和圈套中。其实,条条大路通罗马,成功的道路不止一条,成功的标准也不止一个。在竞争中脱颖而出是成功,有勇气不断超越自己、不断超越过去的人,同样是成功者。做最阳光的自己就要求我们抛弃一元化成功的思维模式,树立多元化成功思维模式,完整、均衡、全面地理解和阐释成功的定义,在活出真实的自我中享受到阳光般的幸福和快乐。

第二,要能够做到操之在我,褒贬由人。

每个人都希望能够得到别人的认可与肯定，这是人的基本心理需求之一。其实，在很多情况下，我们真的没有自己想象的那么重要。别人邀请你参加晚会或发言，有时只是出于礼貌，甚至希望你最好能知趣地谢绝，或者简单地应付一下即可。因此，不必处处要求别人的认可，如果认可降临，你就坦然地接受它；如果它未能如期而至，你也不要过多地去想它。你的满足应该来自于你的工作和生活本身，你的快乐是为你自己，而不是为别人。

第三，时刻审视"职业竞争不相信眼泪"的道理。

在崇尚效率和结果的今天，职业竞争是不相信眼泪的，一个人的成功速度取决于他对不良情绪的调整速度。在日新月异的竞争时代，我们没有时间为已经发生的事情懊恼不已或追悔莫及，我们能做的就是让那些不愉快的事情如瞬间飘逝的烟云，用阳光驱除消极的阴霾，让自己去享受工作的挑战、生活的美好和生命的过程。

拥有阳光心态，不仅可以让我们拥有强大的魅力，也会让我们周围的人感受到生活中的阳光。阳光心态会让每个人都拥有真正的魅力，让我们的未来更加美好。

冲破禁锢心态的心茧

心态是无法伪装的,也是无法修饰的。从一个人的眼神、面部表情,以及他的言行举止,我们都可以感知这个人的心态是什么样的。一个总是将自己的内心禁锢起来的人,即便他伪装得对未来充满信心,总是向他人露出笑脸,我们还是能够感受到他内心深处的虚弱。

不信的话,你可以观察生活中那些总是陶醉在回忆旋涡中的人,他们对眼前的世界和生活,要么觉得索然无味,要么觉得百般煎熬,总是打不起精神。在他们的身上,我们不仅看不到任何激情的影子,更感受不到他们的任何力量和气势。

时光不能倒流,无论过去怎样,是失败抑或辉煌,我们都无法回到过去。我们身处当下,心境却一直处在过去的日子里,就造成消极心态,内心情绪就会发生紊乱,无法帮助我们走出困境。

一个夏天的下午,在纽约的一家中国餐厅里,奥里森·科尔在等待他的朋友,他感到沮丧而消沉。由于在工作中有几个地方出现错误,他没有做成一项相当重要的项目。即使在等待见他一位最好的朋友时,他也不能像平时一样感到快乐。

科尔的朋友终于从街那边走过来了,他是一名了不起的精神病医生。医生的诊所就在附近,科尔知道那天他刚刚和一名病人谈完了话。

"怎么样,科尔,"医生不加寒暄就说,"什么事让你不痛快?"科尔直截了当地告诉他使自己烦恼的事情。医生说:"来吧,到我的诊所去。我要看看你的反应。"

医生从一个硬纸盒里拿出一卷录音带，塞进录音机里。"在这卷录音带上，"他说，"一共有三个来看我的人所说的话。当然没有必要说出来他们的名字。我要你注意听他们的话，看看你能不能挑出支配了这三个案例的共同因素，只有四个字。"他微笑了一下。

在科尔听来，录音带上这三个声音共有的特点是不快活。第一个是男人的声音，显示他遭到了某种生意上的损失或失败。第二个是女人的声音，说她为了照顾寡母，以至于一直没能结婚，她心酸地述说她错过了很多结婚的机会。第三个是一位母亲，因为她十几岁的儿子和警察有了冲突，她一直在责备自己。

在三个声音中，他们一共六次用到四个字——"如果，只要"。

"你一定大感惊奇，"医生说，"你知道我坐在这张椅子里，听到成千上万用这几个字做开头的内疚的话。他们不停地说，直到我要他们停下来。有的时候我会要他们听刚才你听的录音带，我对他们说：如果，只要你不再说"如果""只要"，我们或许就能把问题解决掉！现在就拿你自己的例子来说吧。你的计划没有成功，为什么？因为你犯了一些错误。那有什么关系？每个人都会犯错误，错误能让我们学到教训。但是在你告诉我你犯了错误，而为这个遗憾、为那个懊悔的时候，你并没有从这些错误中学到什么。"

"你怎么知道？"科尔问道。

"因为，"医生说，"你的心态没有脱离过去式，你没有一句话提到未来。从某些方面来说，你十分诚实，你内心还以此为乐。我们每个人都有一点不太好的毛病，就是喜欢一再讨论过去的错误。因为不论怎么说，在叙述过去的灾难或挫折的时候，你是主要角色，你还是整个事情的中心人……"

无论是科尔，还是录音中的三位自述者，都是被过去绊住了自己前进的步伐。于是，遗憾、懊恼、抱怨、悔恨等，诸多不良的心态侵袭着自身，禁锢了潜能的自由发挥。这些人在现实生活中消沉、沮丧，做什么都打不起精神，甚至本该做起来很快乐的事情也感觉不到快乐，更不用谈前进和成功了。

　　一个人要及时走出过去的阴影。因为没有一个人是没有过失的，如果有了过失能够决心去修正，即使不能完全改正，只要不断地努力下去，就会有所改变。徒有感伤而不从事切实的补救工作，那是最要不得的！

　　我们应当吸取过去的经验教训，不能总在阴影下活着。内疚是对错误的反省，是人性中积极的一面，却属于心态中消极一面。我们应该分清这二者之间的关系，反省之后迅速调整心态，把消极的一面变积极，让积极的一面更积极。

始终拥有积极心态

"君不见，黄河之水天上来，奔流到海不复回。君不见，高堂明镜悲白发，朝如青丝暮成雪。"伟大诗人李白这样感慨时间的有限以及生命的易逝。百年不过为一梦，这一梦，就需要自己好好去设计。既然生命那么有限，我们更不能浪费时间去哀叹了，而要用一种积极的心态去面对眼前的生活。这里说的积极的心态，包含触及内心的每件事情——荣誉、自尊、怜悯、公正、勇气与爱。

心态影响着我们潜能的发挥，能够让天堑变通途，将腐朽化为神奇。积极的心态，能在任何时候享受到花的芳香、阳光的温暖，没有一种东西能阻止积极心态的力量。积极心态帮助人们成就事业。它能使人在忧患中看到机会，看到希望，保持进取的旺盛斗志去克服一切困难。美国心理学家杰弗·P.戴维森认为："积极的心态源于对工作和学习的乐观精神，凡事不要太悲观、太绝望，否则你眼中的世界将是一片灰暗、一片混沌，工作起来自然也就打不起精神。"

看待同样的事情，不同的心态，就会有不同的想法，就会产生不同的结局。成功无处不在，只有怀着一种积极乐观的态度，才能收获成功。积极与不积极，决定着自身的发展。人们不管做什么事情，都要保持良好的心态，抱什么样的心态，就会导致相应结果的产生。行走在生命中，你不愿意生活没有激情，也不愿意经历痛苦的失败吧？那么，随时保持一颗积极向上的心，是很有必要的。

1939年，德国军队占领了波兰首都华沙，此时，卡亚和他的女友迪娜正在筹办婚礼。卡亚做梦都没想到，他和其他犹太人一样，在光天化日之下被纳粹推上卡车运走，关进了集中营。卡亚陷入了极度的恐惧和悲伤之中，在不断的摧残和折磨中，他的情绪极其不稳定，精神遭受着痛苦的煎熬。一同被关押的一位犹太老人对他说："孩子，你只有活下去，才能与你的未婚妻团聚。记住，要活下去。"卡亚冷静下来，他下定决心，无论日子多么艰难，一定要保持积极的精神和情绪。

所有被关在集中营的犹太人，他们每天的食物只有一块面包和一碗汤。许多人在饥饿和严酷刑罚的双重折磨下精神失常，有的甚至被折磨致死。卡亚努力控制和调适着自己的情绪，把恐惧、愤怒、悲观、屈辱等抛到脑后，虽然他的身体骨瘦如柴，但精神状态却很好。

5年后，集中营里的人数由原来的4000人减少到不足400人。纳粹将剩余的犹太人用脚镣连起来，在冰天雪地的隆冬季节，将他们赶往另一个集中营。许多人忍受不了长期的苦役和饥饿，最后死于茫茫雪原之上。在这人间炼狱中，卡亚奇迹般地活下来。他不断地鼓励自己，靠着坚强的意志，维持着衰弱的生命。1945年，盟军攻克了集中营，解救了这些饱经苦难的犹太人。卡亚活着离开了集中营，而那位给他忠告的老人，却没有熬到这一天。若干年后，卡亚把他在集中营的经历写成一本书。他在前言中写道："如果没有那位老者的忠告，如果放任恐惧、悲伤、绝望的情绪在我的心间弥漫，很难想象，我还能活着出来。"是卡亚自己救了自己，是他用乐观的情绪救了自己。

卡亚正是凭着积极的心态才在存活率微乎其微的困境中活了过来，这是积极的想要生存下去的气场在起作用。卡亚的积极心态救了他自己，让他能够运用自己的气场能量抵抗悲观、恐惧、绝望等情绪的侵袭，度过一个又一个艰难的日子。正是因为他积极的心态，他才最终度过了艰难的岁月。如果我们想获得生活的幸福与美满，或者事业的成功与辉煌，不再成为阴霾的奴隶，那么我们就要让心态永远积极。

　　拥有积极的心态，做自己想做的事，而不是被动地做别人要你做的事，你的力量就会逐渐强大起来。这时候，你会发现，任何挫折和困难都难不倒你。因为积极的心态，会让自己不再胆怯和退缩，让自己永远昂首阔步，走向成功。

完美心态在于容纳不完美

"喜欢月亮的明亮,就要接受它有黑暗与不圆满的时候;喜欢水果的甜美,也要容许它通过苦涩成长的过程。"人生总是"一半一半",永远都是有缺憾的。

每个人心里都有追求完美的冲动,当他对现实世界的残酷体会得越深时,对完美的追求就会越强烈。这种强烈的追求会使人充满理想,但追求一旦破灭,也会使人充满绝望,他们永远只朝着一个最完美的方向,他们不惜耗尽所有能量,只为追求那精彩的完美一瞬。在生活中,很多人对爱情或者友情寄予过高的希望,当对方不能满足他时,就产生了强烈的负面情绪,损耗了自身的能量。

追求完美能够让我们强大,其本身也并没有错。但是,如果我们无法承受自己的不完美,也不能接受在追求完美过程中的失败,那么这种追求对我们所造成的损失会远远超过追求中带来的好处。

要知道,这个世界上没有任何一种事物是十全十美的,或多或少总有瑕疵,我们只能尽最大的努力使之更加美好,却永远不可能做到完美。

有个叫伊凡的青年,读了契诃夫"要是已经活过来的那段人生,只是个草稿,有一次誊写,该有多好"这句话,十分神往,打了份报告递给上帝,请求在他的身上做个试验。上帝沉默了一会儿,看在契诃夫的名望和伊凡的执着上,决定让伊凡在寻找伴侣一事上试一试。

到了适婚年龄,伊凡碰上了一位绝顶漂亮的姑娘,姑娘也倾心于他，伊凡感到非常理想，他们很快结成夫妻。不久伊凡发觉姑娘虽然漂亮，可她一说话就"豁边"，一做事就"翻船"，两人心灵无法沟通，他把这一次婚姻作为草稿抹了。

伊凡第二次婚姻的对象，除了绝顶漂亮以外，又加上绝顶能干和绝顶聪明。可是也没多久，他发现这个女人脾气很坏，个性极强，聪明成了她讽刺伊凡的利器，能干成了她捉弄伊凡的手段，他不像她的丈夫，倒像她的牛马、她的工具。伊凡无法忍受这种折磨，他祈求上帝，既然人生允许有草稿，请准予三稿。上帝笑了笑，也答应了。

伊凡第三次成婚时，他妻子的优点，又加上了脾气特好一条，婚后两人和睦亲热，都很满意。半年下来，不料娇妻患上重病，卧床不起，一张病态的脸很快抹去了年轻和漂亮。

从道义角度看，伊凡应与她厮守终生；但从生活角度看，无疑是相当不幸的。伊凡的每个婚姻对象都有优点，但也有缺点。伊凡无法忍受这种能量偏差，他认为，人生只有一次，一次无比珍贵，他试探能否再给他一次"草稿"和"誊写"。上帝面有愠色，但最后还是宽容他再作修改。

伊凡经历了这几次折腾，个性已成熟，交际也老练，最后终于选到了一位年轻漂亮、能干温顺，健康要怎么好就怎么好的"天使"女郎。他满意透了，正想向上帝报告成功时，不想"天使"却要变卦：因为她了解了伊凡是一个朝三暮四、贪得无厌、连病中人也不体恤的浪荡男人，提出要解除婚约。这对伊凡来说是个讽刺，他对"天使"百分百满意，但他曾经对其他人的不公待遇却在"天使"这里得到了回应。"力的作用是相互的"，能量永远是守恒的，他追求完美终于导致这种"被选择"的命运降临在自己身上。

"天使"说，我们许多人被伊凡做了草稿，如果试验是为了推广，难道我们就不能有一次草稿和誊写的机会？满腹狐疑的伊凡，正在人生路上踟蹰，忽见前方新竖一路标，是契诃夫二世写的："完美是种理想，允许你修改10次也不会没有遗憾！"

15

过分苛求完美只能让自己终身遗憾，允许不完美存在，才是真正完美的心态。

　　苏轼词曰："月有阴晴圆缺，人有悲欢离合，此事古难全。"能够包容不完美的存在，我们才会拥有完美的心态。因为凡事都追求完美的人就会经常抱怨、嫉妒等等，这些情绪都会影响自己的心态，让自己的人生充斥着消极和悲观。自己的心态无法积极起来，自然无法发挥出强大的作用了。

改变自己，世界因你而不同

当一个人想要改变世界的时候，必定会做出很多努力，如果把希望寄托在别人上，难免会受限于别人而止步不前。智者懂得，改变自己是改变世界的最好方式，他们会把自己当作中心，用心经营自己的心态、改变自己的心态，让自己以更积极的心态对世界作出影响，让自己独立强大的心态对外界进行冲击和引导，无形中对世界做出改变。而在改变世界的过程中，他们的心态日益积极。

在威斯敏斯特教堂的地下室里，英国圣公会主教的墓碑上刻着这样的几段话：

当我年轻自由的时候，我的想象力没有任何局限，我梦想改变这个世界。

当我渐渐成熟明智的时候，我发现这个世界是不可能改变的，于是我将眼光放得短浅了一些，那就只改变我的国家吧！但是我的国家似乎也是我无法改变的。

当我到了迟暮之年，抱着最后一丝努力的希望，我决定只改变我的家庭、我亲近的人。但是，唉！他们根本不接受改变。

现在在我临终之际，我才突然意识到：如果起初我只改变自己，接着我就可以依次改变我的家人。然后，在他们的激发和鼓励下，我也许就能改变我的国家。再接下来，谁又知道呢，也许我连整个世界都可以改变。

这个墓志铭令人深思。是的，很多人从一开始，就跟墓碑主人一样，选错了前进的方向，越走反而离自己所定的目标越远。这时，我们就要反思自己了，既然改变不了世界，也改变不了别人，那就从改变自己开始吧。方向改变了，你看到的将是另外一种别样的风景。

原一平，美国百万圆桌会议终生会员，荣获日本天皇颁赠的"四等旭日小绶勋章"，被誉为日本的推销之神。其实他小时候脾气暴躁、调皮捣蛋、叛逆顽劣，被乡里人称为无药可救的"小太保"。

有一天，他来到东京附近的一座寺庙推销保险。他口若悬河地向一位老和尚介绍投保的好处。老和尚一言不发，很有耐心地听他把话讲完，然后以平静的语气说："听了你的介绍之后，丝毫引不起我的投保兴趣。年轻人，先努力去改造自己吧！""改造自己？"原一平大吃一惊。"是的，你可以去诚恳地请教你的投保户，请他们帮助你改造自己。我看你有慧根，倘若你按照我的话去做，他日必有所成。"

从寺庙里出来，原一平一路想着老和尚的话，若有所悟。接下来，他组织了专门针对自己的"批评会"，请同事或客户吃饭，目的是为让他们指出自己的缺点。原一平把大家的看法一一记录下来。通过一次次的"批评会"，他把自己身上的劣根性一点点消除了。与此同时，他总结出了含义不同的39种笑容，并一一列出各种笑容要表达的心情与意义，然后对着镜子反复练习。他像一条成长的蚕，悄悄地蜕变。

最终，他成功了，并被日本国民誉为"练出价值百万美元笑容的小个子"，且被美国著名作家奥格·曼狄诺称为"世界上最伟大的销售人员"。

"我们这一代最伟大的发现是，人类可以由改变自己而改变命运。"原一平用自己的行动印证了这句话。你无法让别人对你微笑，但你可以对别人微笑，对每一个你见到的人微笑，你慢慢会发现，你的周围，在不知不觉中，已经被微笑包围了。这种心态可以帮助我们淡然看待生命中出现的各种情况，解决遇到的各种问题。

生活对每个人都是公平的，就看你有没有把握住自己的人生。有的人用习惯的力量让自己抓住了命运的手；有的人虽然最初与命运擦肩而过，但是他们改变了自己，又让命运转回了微笑的脸。

做好你自己吧！也许你不能改变别人、改变世界，但你可以改变自己，进而改变身边的环境，改变自己的生存状态，慢慢地实现自己的梦想。幸福、成功、快乐，一切都掌握在你自己手里。

拿破仑说："一个人能飞多高，并非由其他因素决定，而是由他的心态所致。假如你对自己目前的环境不满意，想力求改变，则首先应该改变你自己。"我们要知道，你才是你自己的中心，一个人无须刻意追求他人的认可，只要你保持这种心态，按自己的方式生活，生活中没有什么可以压倒你，你可以活得很快乐、很轻松。因为生活中原本就没有什么一成不变的条条框框，只要你去改变，世界也会随着你变。通过改变自己而改变世界的人，你就是最聪明、最强大的人！

心中充满阳光，世界才会透亮

实际上，生活的现实对于我们每个人本来都是一样的，但一经各人心态诠释后，便代表了不同的意义，因而形成了不同的事实、环境和世界。心态改变，事实就会改变；心中是什么，世界就是什么。心里装着哀愁，眼里看到的就全是黑暗；心中装着阳光，眼里看到的就全是透明的光亮。所以，在这个复杂的世界，若想生活得泰然自得，多一点幸福，就应该忘掉已经发生的令人不痛快的事情或经历，用好心情迎接新乐趣。

有一天，詹姆斯忘记关餐厅的后门，结果早上三个武装歹徒闯入抢劫，他们要挟詹姆斯打开保险箱。由于过度紧张，詹姆斯弄错了一个号码，造成抢匪的惊慌，其开枪射伤詹姆斯。幸运的是，詹姆斯很快被邻居发现了，送到医院紧急抢救，经过18小时的外科手术以及长时间的悉心照顾，詹姆斯终于出院了。

事件发生六个月之后，有人问詹姆斯，当抢匪闯入时他的心路历程。詹姆斯答道："当他们击中我之后，我躺在地板上，还记得我有两个选择：我可以选择生，或选择死。我选择活下去。"

"你不害怕吗？"那个人问他。詹姆斯说："医护人员真了不起，他们一直告诉我没事，放心。但是在他们将我推入紧急手术间的路上，我看到医生跟护士脸上忧虑的神情，我真的吓坏了，他们的脸上好像写着'他已经是个死人了'！我知道我需要采取行动。"

"当时你做了什么？"那个人继续问。

詹姆斯说："当时有个护士用吼叫的音量问我一个问题，她问我是否对什么东西过敏。我回答：'有。'这时，医生跟护士都停下来等待我的回答。我深深地吸了一口气，喊着:'子弹!'等他们笑完之后，我告诉他们:'我现在选择活下去，请把我当作一个活生生的人来开刀，不是一个活死人。'"

詹姆斯能活下来当然要归功于医生的精湛医术，但同时也由于他令人惊异的态度。我们从詹姆斯身上学到，每天你都能选择享受你的生命，或是憎恨它。这是属于你的权利。如果你能时时注意这个事实，你生命中的其他事情都会变得容易许多。

心情的颜色会影响世界的颜色。如果一个人，对生活抱持一种阳光的心态，就不会稍有不如意便自怨自艾。现实生活中那些终日苦恼的人，实际上并不是因为他们遭受了多大的不幸，而是因为他们的内心素质存在着某种缺陷，对生活的认识存在偏差，由此导致他们精神上的萎靡和失落。唯有抱持阳光心态的人，才称得上是坚强的人。他们在遭遇不幸时，面对世界依然会微笑、乐观，用积极的态度去面对，唯有这样，生活中才会充满快乐、溢满阳光!

心态对了，状态就对了

一位牧师正在家里准备第二天的布道。他的小儿子在屋里吵闹不止，令人不得安宁。牧师从一本杂志上撕下一页世界地图，然后撕成碎片，丢在地上说："孩子，如果你能将这张地图拼好，我就给你1元钱。"

牧师以为这件事会使儿子花费一上午的时间，但是没过10分钟，儿子就敲响了他的房门。牧师惊愕地看到，儿子手中捧着已经拼好了的世界地图。

"你是怎样拼好的？"牧师问道。

"这很容易，"儿子说，"在地图的另一面有一个人的照片。我先把这个人的照片拼到一起，再把它翻过来。我想，如果这个人是正确的，那么，世界地图也就是正确的。"

牧师微笑着给了儿子1元钱，"你已经替我准备好了明天的布道，如果一个人的心态是正确的，他的世界就是正确的。"

心态决定状态，你的心态对了，状态也就不会错了。

心态决定你的人生，不要试图和自己过不去

有两个都有着亚洲血统的孤儿，后来都被来自欧洲的外交官家庭所收养。两个人都上过世界有名的学校。但他们两个人之间存在着不小的差别：其中一位是40岁出头的成功商人，他实际上已经可以退休了；而另一个是学校教师，收入低，并且一直觉得自己很失败。

有一天，他们在一起吃晚饭。晚餐在烛光映照中开场了，不久话题进入了在国外的生活。因为在座的几个人都有过周游列国的经历，所以他们开始谈论在异国他乡的趣闻轶事。随着话题的展开，那位学校教师越来越多地讲述自己的不幸：她是一个如何可怜的亚细亚孤儿，又如何被欧洲来的父母领养到遥远的瑞士，她觉得自己是如何的孤独。

开始的时候，大家都表现出同情。随着她的怨气越来越重，那位商人变得越来越不耐烦，终于忍不住在她面前把手一挥，制止了她的叙述："够了！你说完了没有？！你一直在讲自己有多么不幸。你有没有想过如果你的养父母当初在成百上千个孤儿中挑了别人又会怎样？"

学校教师直视着商人说："你不知道，我不开心的根源在于……"然后接着描述她所遭受的不公正待遇。

最终，商人朋友说："我不敢相信你还在这么想！我记得自己25岁的时候无法忍受周围的世界，我恨周围的每一件事，我恨周围的每一个人，好像所有的人都在和我作对似的。我很伤心无奈，也很沮丧。我那时的想法和你现在的想法一样，我们都有足够的理由报怨。"他越说越激动。"我劝你不要再这样对待自己了！想一想你有多幸运，你不必像真正的孤儿那样度过悲惨的一生，实际上你接受了非常好的教育。你负有帮助别人脱离贫困旋涡的责任，而不是找一堆自怨自艾的借口把自己

围起来。在我摆脱了顾影自怜，同时意识到自己究竟有多幸运之后，我才获得了现在的成功！"

那位教师深受震动。这是第一次有人否定她的想法，打断了她的凄苦回忆，而这一切回忆曾是多么容易引起他人的同情。

商人很清楚地说明他二人在同样的环境下历经挣扎，而不同的是他通过清醒的自我选择，让自己看到了有利的方面，而不是不利的阴影。"凡墙都是门"，即使你面前的墙将你封堵得密不透风，你也依然可以把它视作你的一种出路。

人，就是一条河，不论河里的水流到哪里都还是水，这是无异议的。但是，河有狭、有宽、有平静、有清澈、有冰冷、有混浊、有温暖等现象，而人也一样。

第二章
做自我心态的主宰

自我暗示：成功旅程的开始

心理暗示是我们日常生活中最常见的心理现象，它是人或环境以非常自然的方式向个体发出信息，个体无意中接受这种信息，从而做出相应的反应的一种心理现象。暗示是一种被主观意愿肯定了的假设，不一定有根据，但由于主观上已经肯定了它的存在，心理上便竭力趋于结果的内容。

暗示有着令人不可抗拒和不可思议的巨大力量。心理学家普拉诺夫认为，暗示是人类最简单、最典型的条件反射。暗示的结果使人的心境、兴趣、情绪、爱好、心愿等方面发生变化，从而又使人的某些生理功能、健康状况、工作能力发生变化。暗示是影响潜意识的一种最有效的方式，它超出人们自身的控制能力，指导着人们的心理、行为。暗示往往会使别人不自觉地按照一定的方式行动，或者不假思索地接受一定的意见和信念。

暗示有正面暗示与反面暗示两种。

人因悲伤而哭泣，但往往也因哭泣而悲伤，世界上有许多被不安、自卑感所苦恼的人，他们总以为自己对任何事都无能为力。这显然是陷入了副作用的自我暗示的陷阱中。自我暗示的正作用，乃训练我们如何增进自信心，如何从失败中体验成功，又如何克服恶劣的情绪，等等。自我暗示能使人把面粉当药剂治好了病，也能使人把药水当毒液喝下而送了命。正确使用自我暗示，乃是人生中必须弄懂的一门学问。

美国有两位心理学家曾经做过这样一个实验：

为了证实他们的研究成果,他们选择了一所小学的一个班级,让全班的小学生做了一次测验,并于隔日批改试卷后,公布了该班5位天才儿童的姓名。

　　20年后,追踪研究的学者专家发现,这5名天才儿童长大后,在社会上都有极为卓越的成就。这项发现引起了教育界的重视,其请求那两位心理学家公布当年测验的试卷,弄清其中的奥秘。

　　那两位已是满头白发的心理学家,在众人面前取出一只布满尘埃、封条完整的箱子,打开箱盖后,告诉在场的专家及记者:"当年的试卷就在这里,我们完全没有批改,只不过是随便抽出了5个名字,将名字公布。不是我们的测验准确,而是这5个孩子的心意正确,再加上父母、师长、社会大众给予他们的协助,他们才得以成为真正的天才。"

　　如果有人曾经告诉过你,你是一位天才,你会怎么样?

　　如果你在幼年时,也像那5名幸运的儿童一样,被告知自己是一位杰出的天才儿童。那么,你今天的成就会有什么不同?

　　或许你对自己的期望与要求会更高;或许你每天愿意多花一个钟头去看书,而不是看电视;或许你会更卖力地投入自己的工作中,以获得更佳的成果。这一切都是你自愿的,因为你是一位天才。而你的父母、老师又将如何看待你呢?或许他们会更用心、更努力地来教导你;而你周围的朋友、同学、同事们,也将提供给你更多协助,充分地帮助你。这一切也是他们自愿的,因为你是一位天才;而他们也有一种使命感来协助你,帮你完成天才与生俱来的责任。

　　当你知道自己是天才人物之后,自己、父母、老师、亲友的使命感便油然而生,非得将你推上天才的巅峰不可,不达目的誓不罢休。

　　或许在过去的岁月中,你并未被告知是一位天才,所以不知道自己的使命何在。但就在此刻，在看完这个故事之后，相信你已清楚地明了，自己将是一位大师，一位顶尖的大师，你已被确切地通知了。

你是否曾经仔细地思考过，上天赋予你的重大使命是什么？而你是否已经在这一使命的激励下勇敢地前行？任何时候，每个人都别忘记对自己说一声："我天生就是奇迹。"本着上天所赐予我们的伟大的馈赠，积极暗示自己，你便能开始成功的旅程。

拿破仑·希尔给我们提供了一个自我暗示公式，他提醒渴望成功的人们，要不断地对自己说："在每一天，在我的生命里面，我都有进步。"暗示是在无对抗的情况下，通过议论、行动、表情、服饰或环境气氛，对人的心理和行为产生影响，使其接受有暗示作用的观点、意见或按暗示的方向去行动。

对此，拿破仑·希尔补充道："自我暗示是意识与潜意识之间互相沟通的桥梁。"通过自我暗示，可以使意识中最具力量的意念转化到潜意识里，成为潜意识的一部分。也就是说，我们可以通过有意识的自我暗示，将有益于成功的积极思想和感觉播到潜意识的土壤里，并在成功过程中减少因考虑不周和疏忽大意等招致的破坏性后果，全力拼搏，不达目的不罢休。所以，如果你能够通过想象不断地进行自我暗示，就可能会成为一个杰出者。

描绘自己的心灵地图

"思维"这个词来自希腊文，最初是一个科学名词，目前多半用来指某种理论、典范或假说。不过广义而言，它是指我们看待外在世界的观点。我们的所见所闻并非直接来自感官，而是通过主观的了解、感受与诠释。

无论是面对自我，还是面对世界，每个人都有一定的思维方式。例如说，在人类的思想行为中，有"五大基本问题"：

1. 我是谁？
2. 我如何成为今天的我？
3. 为什么我会有这样的思考、感受和行动？
4. 我能改变吗？
5. 最重要的问题是——怎么做？

延续这五大问题，我们的心灵告诉我们该怎么去认识世界、进行自我行动。所以说思维对一个人的发展是至关重要的，它决定了我们对待自我、对待世界的态度。思维可以说是对于我们所能感知的世界的一个认知缩写——无论这个认知正确与否。

我们可以把思维比作地图。地图并不代表一个实际的地点，只是告诉我们有关地点的一些信息。思维也是这样，它不是实际的事物，而是对事物的诠释或理论。

很多人经常会遇到这样一种情况：到了一个陌生的地方，却发现带错了地图，结果寸步难行，感觉非常尴尬与无助。同样的道理，若想改进缺点，但着力点不对，你将白费工夫，与初衷背道而驰。或许你并不在乎，因为你奉行"只问耕耘，不问收获"的人生哲学。但问题在于方向错误，"地图"不对，因此努力便等于浪费。唯有方向(地图)正确，努力才有意义。在这种情况下，只问耕耘，不问收获也才有意义。我们常常嘲笑"南辕北辙"的人，却不知自己也会在错误的心灵地图的带领下犯同样的错误。

在前面我们已经说过，思维不仅面对世界，还面对自我，那么心灵地图大致上也可分为两大类：一个是关于现实世界的，这是我们的世界观；另一个是有关个人价值判断的，这是我们的价值观。我们以这些心灵的地图诠释所有的经验，但从不怀疑地图是否正确，有的人甚至不知道它们的存在。我们理所当然地以为，个人的所见所闻就是感官传来的信息，也就是外界的真实情况。我们的态度与行为又从我们的认知中衍生而来，所以说，世界观和价值观决定一个人的思想与行为。

自我是在不断发展的，世界也是在不断进步的，所以我们行动的世界观和价值观也应该不断地完善与进步，要随时随地完善我们的心灵地图。

打个比方，现在无数的城市旧貌换新颜，尤其是近几年来发生了翻天覆地的变化，如果有人使用三年前的地图，恐怕已经找不到原来的道路，不知道如何才能找到目标了。地理如此，时空如此，何况人心呢？许多人，他们之所以感到困惑、迷茫，甚至迷失了自我，就在于他们仍然使用着过去的"心灵地图"，仍然按照旧的生活轨道在向前走，他们不知道这幅地图早已需要修改了。

其实，我们的思维从童年就已开始发展，经过长期的艰苦努力形成了一个认识自我和世界的自我思维方式，形成了一幅表面上看来十分有用的心灵地图。我们要按这幅地图去应对生活中的各种坎坷，寻找自己前进的道路。

但是未必有了心灵地图，我们就保证会有正确的行动。如果这幅地图画得很正确，也很准确，我们就知道自己在哪个位置上；如果我们打算去某个地方，就知道该怎么走。如果这幅图画得不对、不准确，我们就无法判断怎么做才正确，怎样决定才明智，我们的头脑就会被假象所蒙蔽，因为这幅图是虚假的、错误的，我们将不可避免地迷失方向。

我们不能一辈子带着永远不变的"地图"，我们应该不断地描绘它、修改它，力求准确地反映客观现实。前人诗云："流水淘沙不暂停，前波未灭后波生。"我们必须要下功夫去观察客观现实，这样画出来的"地图"才尽可能准确。但是，很多人过早地停止了描绘"地图"的工作，他们不再汲取新的信息，而以为自己的"心灵地图"完美无缺。这些人是不幸的，而且是可怜的，只有幸运的人能自觉地探索现实，永远扩展、冶炼、筛选他们对世界的理解，他们的精神生活也因此而丰富多彩。所以，我们要不断地修改这幅反映现实世界的"心灵地图"，要不断地获取世界的新信息。如果新信息表明，原先的"地图"已经过时，需要重画，我们就要不畏修改"地图"的艰难，勇敢地进行自我更新。

自我期待，让梦想成真的"皮格马利翁"效应

古希腊有一则寓言：一个塞浦路斯雕刻师，名字叫作皮格马利翁。他倾注了毕生的心血，废寝忘食、夜以继日地工作，用象牙雕刻了一尊爱神雕像。

这尊雕像经过他的艰辛雕琢，显得形神兼备、超凡脱俗。他爱上了这尊雕像，逐渐相思成疾、憔悴不堪，最终奄奄一息。

最后，他一再恳求维纳斯给这尊雕像以生命，维纳斯为他的痴迷所感动，终于答应了他的请求。

他如愿以偿，和有了生命的雕像结了婚。

皮格马利翁的故事一直被人们传诵至今，足见其对后人生活态度的影响之深。心理学家还从这个故事中演绎出一个新的名词：皮格马利翁效应。在自我塑造的过程中，每个人都是自己的"皮格马利翁"，而在塑造的心理动机上，自我期待起了关键的推动作用。

心理学家认为，自我期待是自我塑造的根本源泉。一个人必须有所期待，才会在实际行动中对自己进行塑造。一旦这种期待消失了，自我塑造也就不复存在了。

自我塑造，犹如生命美丽的翅膀。海伦说："当你感到塑造自己的力量推动你去翱翔时，你是不应该爬行的。"

自我期待是一种无形但巨大的力量，它推动人们不断地塑造、完善自我。存在主义哲学家萨特说："你想成为什么，你就会成为什么。"

有这样一则故事：20世纪40年代，美国费城的一个深夜，有一家酒店突然起火。当时258名旅客中多数正在酣睡，那些还没有睡的人们，看到旅馆所有的房间已被滚滚浓烟笼罩，就拨打了火警电话，然后一边救火，一边等着火警救援。尽管消防队员赶来了，但求生的本能还是使许多人开窗从高楼跳下，一个个躯体直挺挺地砸在人行道上，发出恐怖而沉闷的响声，然后归于寂静。

这时，有一个姑娘和其他游客一样，站在7楼的一个窗口准备往下跳，她的背后熊熊的火光正在燃烧。只见她镇静地看了看窗下，大声高喊着："我希望活着，我希望活着！"然后纵身跃下……

奇迹发生了，她成了几百人中唯一一名幸存者。而且这个姑娘空中跃下的惊人一瞬被过路的大学者阿诺德抓拍了下来，定格在历史写真的胶片里，供更多活着的人们回味……

那个幸运的姑娘也许并不知道什么是自我期待、什么是皮格马利翁效应，但她在关键时刻却用它救了自己的生命。

自我期待的作用是巨大的，很多人在关键时候往往通过一种强烈的欲望催发成功的心态，使问题迎刃而解。

有一位学习优秀的高中生，他的梦想是考上万众瞩目的清华大学。他虽然知道梦想很遥远，但是，他总在内心告诉自己一定能实现。他的方法是每天在清晨醒来时对自己说："今天要为清华的生活努力学习。"而晚间入眠时则告诉自己说："真好，今天为上清华的梦想做了许多努力。"

就是靠着一种不可思议的信念，这名高中生从普通到优秀，终于实现了"清华梦"。这中间起作用的就是自我期待，而且至关重要的是梦想的作用。我们希望，每个人都可以成为自己的皮格马利翁。

去过美国航天基地的人，会看到一根大圆柱上镌刻着这样的文字:"If you can dream it, you can do it." 这句话可译为:"如果你能想到,你就一定能做到。"要知道,心有多大,梦想就有多大;梦想有多大,成就就有多大。

有效的自我激励：让你在任何情况下都不会被打倒

自我激励就是给自己打气，鼓励自己。我们自小就被教育要争气，在逆境中要奋起，而支持"崛起"的信念则来自于自我激励。

当我们遇到不顺心的事时，一定要告诉自己：一切都会过去的，这没有什么大不了的。相信自己通过努力可以改变目前的状态，这是一种神奇的力量，来自于心的力量，也是情商的重要内容之一。

自我激励可以分为两种：一种是外部激励，借助于外物给予自己胜利的信念和希望；一种是内部激励，就是在内心始终存在乐观积极的心态，无论遇到什么样的困境都不动摇。

关于外部激励，我们可以通过一个小故事得到一些启发：

一位弹奏三弦琴的盲人，渴望在有生之年看看世界，但是遍访名医，都说没有办法。有一日，这位盲人碰见一个道士，道士对他说："我给你一个保证能治好眼睛的药方，不过，你得弹断一千根弦，方可打开这张药方。在这之前，它是不会生效的。"

于是这位盲人琴师带了一个同样双目失明的小徒弟游走四方，尽心尽意地以弹唱为生。一年又一年过去了，在他弹断了第一千根弦的时候，这位民间艺人迫不及待地将那张一直藏在怀里的药方拿了出来，请明眼的人代他看看上面写着的是什么药方，好医治他的眼睛。

明眼人接过药方一看，说："这是一张白纸嘛，并没有写一个字。"那位琴师听了，潸然泪下，突然明白了道士那"一千根弦"背后的意义。就是这一个"希望"，支撑他弹下去，漫长的53年，他就如此充满希望地活了下来。

这位盲眼艺人,没有把故事的真相告诉他的徒弟。他将这张白纸郑重地交给了他同样也渴望能够看见光明的弟子,对他说:"我这里有一张保证能治好你眼睛的药方,不过,你得弹断一千根弦才能打开这张纸。现在你可以去收徒弟了,去吧,去游走四方,尽情地弹唱,直到那一千根琴弦弹断,就有了答案。"

那位盲人琴师正是借助了外部激励的力量,将希望传达于内心。希望是人生的方向,是人们心中一盏不灭的明灯,是我们前进的动力。面对恐惧时,希望使人从容淡定;面对挫折危险时,希望让人获得巨大的能量。

大凡成就一番事业的人物都是善于内部激励的人,面对困境,他们表现出很高的逆境情商。而逆境情商是情商中特别重要的内容,这在许多出色的人身上都有所体现,和田一夫便是其中著名的一位。

"八佰伴"曾经是日本最大的零售集团。其总裁和田一夫经过长达半个世纪的苦心经营,将一家小蔬菜店发展成为在世界各地拥有400家百货店和超市,员工总数达2.8万人,年销售额突破5000亿日元的国际零售集团。1997年,正当他努力开拓中国市场之际,留在日本总部坐镇的弟弟因经营不慎,使得整个零售集团遭遇重大挫折,最后不得不宣布破产。

从国际大集团总裁到一文不名的穷光蛋,从住寸土寸金的深院豪宅到租住一室一厅的公寓,从乘坐劳斯莱斯专车到自己买票乘坐公共汽车……这对于已经68岁的和田一夫而言,无异于是从天堂跌到了地狱。

一时之间,舆论哗然,众说纷纭。有人说他肯定爬不起来了,只能在穷困潦倒中悄悄地了此残生;有人甚至猜测,他可能会自杀,就像很多在一夜之间破产的人一样。然而事实出乎所有人的意料,和田一夫没有一蹶不振，更没有懦弱地选择自杀，反而抖擞精神重新"复活"了。他从经营顾问公司迈开第一步，后来又和几个年轻人合作，开办了网络咨询公司。虽然进入的是陌生领域，但凭借努力和过去的经验教训，他的生意一步步红火起来。

很多人对他在人生如此的大起大落面前仍然能反败为胜、东山再起表示敬佩之余也十分好奇，认为他一定有什么"秘密武器"。对此，他的回答是，如果说有秘诀，那就是自我激励。他又解释说，是不断的自我激励使他能做到即使面对巨大失败也没有失去希望，即使处在事业的低潮和人生的谷底也仍然相信有光明的前途。在这种信念的支撑下，他才有决心重新上路。

和田一夫有一套独特的自我激励方法，那就是他多年来一直坚持的"心灵训练"。他曾说："如果想真正获得人生幸福，就需要有'没关系，一切都会好起来的'这种豁达的想法。"这种心灵的训练是很有必要的。从他涉足商场起，他就一直坚持写"光明日记"，记录每天让他感到快乐的事。和田一夫说："如果想使自己的命运得以好转，就必须不断地用积极向上的语言来鼓励自己，并使自己保持开朗的心情。这是非常重要的。"

除了"光明日记"外，和田一夫还独创了"快乐例会"。即在每月的工作例会中，和田一夫规定：在开会前每个人要用3分钟的时间，从这个月发生的事情中找出3件快乐的事情告诉大家。"刚开始的时候，大家很难找出3件快乐的事。后来，养成习惯后，别说3件，人人都想发表10件快乐的事。每月这样延续下来，公司里人人都逐渐露出笑脸。"和田一夫对自己的成绩很自豪，这种别开生面的方式，的确有效地调动了员工的乐观情绪。

许多不成功的人不是没有成功的能力与潜质，而是他们在思想上根本不想成功。因为他们在受到挫折时除了暗自神伤、叹息命运不济外，从未意识到要给自己打气，他们习惯处于劣势，久而久之就只有失败与之为伍。

　　也有一些人并不是不懂得给自己一点激励，而是很快就把对自己的承诺抛在脑后，未能认真地去实现当时的目标。所以他们最终也会失败。

　　自我激励其实就是给内心找一个希望，给行动找一种信念的动力。能够自我激励的人，在任何情况下都不会被打倒，即使暂时失败了，他们也能够重新找到成功的信念，再次登上成功的顶峰。

学会心理调控

人的一生不可能总是一帆风顺，在遇到挫折和失败时，适当的心理调控可以帮助我们战胜它们。

杰克逊是一位犹太裔心理学家，第二次世界大战期间，他和全家人都被关押在纳粹集中营里，而且受尽了折磨。没多久，家人不堪忍受纳粹的残酷折磨纷纷离他而去，只留下一个妹妹和他相依为命。当时，他的处境也十分艰难，随时都面临着死亡的威胁。

刚开始的时候他痛苦不堪，难以忍受。后来有一天，他忽然悟出了一个道理：就客观环境而言，我受制于人，没有任何自由；可是，我的自我意识是独立的，我可以自由地决定外界刺激对自己的影响程度。他认为自己完全有选择如何作出反应的自由与能力。

于是，他靠着各种各样的记忆、想象与期盼不断地充实自己的生活和心灵，不断磨炼自己的意志，让自由的心灵超越了纳粹的禁锢，看到了生命的希望。他的这种行为和手段也影响了其他狱友，他们之间相互鼓励，一直到战争结束，最后，他们终于重见天日。

杰克逊后来这样写道：

每个人都有自己的特殊工作和使命，他人是无法取代的。生命只有一次，不可重复。所以，实现人生目标的机会也只有一次……归根到底，其实不是你询问生命的意义何在，而是生命正在向你提出质疑，它要求你回答：你存在的意义何在？你只有对自己的生命负责，才能理直气壮地回答这一问题。

在杰克逊生命中最痛苦、最危难的时刻，在他精神行将崩溃的临界点，他靠自己的顿悟，不仅挽救了他自己，而且还挽救了许多与他患难与共的生命。其关键在于他能通过成功的心理调控，战胜自我，战胜环境，安然渡过心理危机。

在日常生活中，当你面临困境时，学会心理调控至关重要。冷静地处理心理压力不是难事，那些在绝境中不惊不慌、保持冷静的人并非天生就有这种能耐，他们也都是在生活中逐渐学会的。每一个人都可从中学到减轻压力的自我心理调节方法。

1. 找到控制压力反应的方法

生活中的压力可能并非来源于我们所陷入的生活困境，而是来源于我们对这些生活经历所做出的反应。你无法控制生活降临于你头上的打击，但你却能控制自己对待这一打击的态度。所以，在面临心理压力时，你一定要做到：不要让压力占据你的头脑。保持乐观是控制心理压力的关键，我们应将挫折视为鞭策我们前进的动力，不要养成消极的思考习惯，遇事要多往好处想，洞察你自己的心声。许多人对一些情形已形成条件反射，不假思索就做出反应。我们应多聆听自己的心声，给自己留一点时间，平心静气地想一想，努力在消极情绪中加入一些积极的思考。

2. 尝试创造一种内心的平衡感

心理学家认为，保持冷静是防止心理失控的最佳方法。而每天早晨或晚上进行20分钟的盘腿静坐或自我放松，就能创造一种内心平衡感。这种静坐冥想能降低血压，减少焦虑感。有一项研究表明，过度焦虑烦躁的人每天花10分钟静坐，集中注意数心跳，能使自己心跳的速度逐渐变得缓慢。10个星期后，他们的心理紧张均有一定程度的减轻。此外，按摩对减轻压力感也非常有效。

3. 懂得平衡你的生活

生活中，经常听见许多人抱怨：时间老是不够用，事情老也干不完。这种焦虑和受压感对许多人来说已成为他们生活的一部分。实际上，那些为工作或生活疲于奔命的人，并不懂得生活的真正含义。要平衡自己的生活，就应尝试换个角度想问题，抽空想一想或回味一下那些令自己快乐的事情。你为琐事而紧张不安、忧心忡忡是无济于事的，你应该想办法解决这一问题。一个行之有效的方法是把一切都写下来。每天早起10分钟，把自己的感受写满3页16开的纸，事后不要修改，也无须再重读。过一段时间，当你把自己的烦恼都表达出来之后，你会发现自己的头脑变得更为清醒了，也能更好地处理这一类问题了。这种自我交谈的方法能帮助你解决许多问题。

其实，在我们走向成功的道路上，也会面临大大小小的心理压力，我们都应该通过成功的心理调控去掌握自我，战胜自我，迎接前面更为绚丽的风景，让人生处处充满阳光。

PMA黄金定律：走向成功的黄金法则

PMA黄金定律是积极心态的缩写——Positive Mental Attitude。它是成功学大师拿破仑·希尔数十年研究中最重要的发现之一，他认为之所以人与人之间会有成功与失败的巨大反差，心态起了很大的作用。积极的心态是人人都可以学到的，无论他原来的处境以及他自身的气质与智力怎样。

拿破仑·希尔认为，我们每个人都佩戴着隐形护身符，护身符的一面刻着PMA（积极的心态），一面刻着NMA（消极的心态）。PMA可以创造成功、快乐，使人到达辉煌的人生顶峰；而NMA则会使人终生陷在悲观沮丧的谷底，即使人爬到巅峰，也会被它拖下来。最根本之处在于，这个世界上没有任何人能够改变你，只有你能改变你自己；没有人能够打败你，能打败你的也只有你自己。

很多人都认为是环境决定了他们的人生位置，这些人常说他们的想法无法改变。但实际上，我们的境况不是单纯由周围环境造成的。说到底，如何看待人生，由我们自己决定。

只要活在这个世界上，各种问题、矛盾和困难就不可能避免，拥有积极心态的人能以乐观进取的精神去积极应对，而被消极心态支配的人则悲观颓废，他们在逃避问题和困难的同时也逃避了人生的责任。

对于PMA的阐述，拿破仑·希尔是这样认为的：

1. 言行举止像自己希望成为的人

许多人总是要等到自己有了一种积极的感受再去付诸行动，这是本末倒置。心态是紧跟行动的，如果一个人只想被动地等待着别人带动自己行动，那他就永远成不了他想做的积极心态者。

2. 要心怀必胜、积极的想法

要想收获成功的人生，就要当个好"农民"。我们绝不能播下几粒积极乐观的种子，然后指望不劳而获，我们必须不断给这些种子浇水，给幼苗培土施肥。要是疏忽这些，消极心态的野草就会丛生，夺去土壤的养分，甚至让"庄稼"枯死。

3. 用美好的感觉、信心和目标去影响别人

随着你的行动与心态日渐积极，你就会慢慢获得一种美满人生的感觉，信心日增，人生中的目标感也会越来越强烈。紧接着，别人会被你吸引，因为人们总是喜欢和积极乐观者在一起。

4. 使你遇到的每一个人都感到自己很重要、被需要

每一个人都有一种欲望，即感觉到自己的重要性，以及别人对他的需要与感激，这是普通人的自我意识的核心。如果你能满足别人的这一欲望，他们就会对自己，也对你抱有积极的态度，一种你好我好大家好的局面就形成了。

5. 心存感激

如果你常流泪，你就看不到星光。对人生、对大自然的一切美好的东西，我们要心存感激，这样，人生会变得更加美好。

6. 学会称赞别人

在人与人的交往中，适当地赞美对方，会增加和谐、温暖和美好的感情。你存在的价值也就会被肯定，使你得到一种成就感。

7. 学会微笑

面对一个微笑的人，你会感受到他的自信、友好，同时这种自

信和友好也会感染你，使你的自信和友好也油然而生，并使你和对方亲近起来。

8. 到处寻找最佳新观念

有些人认为，只有天才才会有好主意。事实上，要找到好主意，靠的是态度，而不全是能力。一个思想开放、有创造性的人，哪里有好主意，就往哪里去。

9. 放弃鸡毛蒜皮的小事

有积极心态的人不会把时间和精力花费在小事上，因为他们知道小事会使他们偏离主要目标和重要事项。

10. 培养一种奉献的精神

曾任通用面粉公司董事长的哈里·布利斯曾这样忠告其下的推销员："谁尽力帮助其他人活得更愉快、更潇洒，谁就达到了推销术的最高境界。"

11. 自信能让人做好想做的事

永远也不要消极地认定什么事情是不可能的，首先你要认为你能，再去尝试，不断尝试，最后你就会发现你确实能。

或许你无法选择出身、天赋、环境，但你可以选择态度，可以用积极的心态去面对自己的人生，面对这个纷繁复杂的世界。

马尔比·D.马布科克说："最常见同时也是代价最高昂的一个错误，是认为成功有赖于某种天才、某种魔力、某些我们不具备的东西。"其实并非如此，成功的要素其实掌握在我们自己的手中。成功是运用PMA的结果。一个人能飞多高，并非由人的其他因素所决定，而是由他自己的心态所制约。

当然，有了PMA并不能保证事事成功，但积极地运用PMA可以改善我们的日常生活。在PMA的帮助下，我们能够给自己创造一个良好的心灵空间，导引成功之路；而一味沉浸于 NMA 的人却不会成功。拿破仑·希尔说："从来没有见过持消极心态的人能够取得持续的成功。即使他们碰运气能取得暂时的成功，那也是昙花一现、转瞬即逝。"

不受环境影响,掌握人生主动权

决定我们命运的不是环境,而是心态。无论身处什么样的环境,一旦养成了消极被动的工作态度和习惯,人就很容易不思进取、目光狭隘,慢慢地丧失活力与创造力,忘记了自己当初信誓旦旦的人生信条与职业规划,最终走向好逸恶劳、一事无成的深渊。而最可怕的是生活态度的消极,工作上的消极、失败与无望,这些必然会对人产生非常可怕的负面影响。想想看,一个人消极地面对世界,满眼灰色,为周围的朋友、同事所不屑,该是多么的可悲!

环境怎样是好?怎样是坏?标准并不在环境本身,而在于人如何自处:置身其间,不迷失自己,保持积极主动的精神,这样的环境再"坏"也是好环境,反之,再"好"的环境也是坏环境。环境对人确实有一定的影响,而最关键的还是人自身,归根结底,顺境或逆境都不能成为消极被动的借口。

1940年10月,贝利生于巴西古拉斯州的一个小镇。

在巴西,男孩子要做的第一件事就是踢球。贝利很小的时候便和小伙伴们玩起了足球。贝利与其伙伴们都是贫穷人家的孩子,他们买不起足球。但这不能阻挡他们踢球的爱好,于是他们就自己做了一个:找一只最大的袜子,在里面塞满破布和旧报纸,然后把它尽量按成球形,最后将补袜口用绳子扎紧。他们的球越踢越精,球里面塞的东西也越来越多、越来越重。一个男子汉夏天不穿袜子照样可以走路,可是到了冬天,贝利他们仍然没有袜子穿。他们只是这样想:有了东西当球踢,这是多么快乐的事啊!

7岁那年，贝利的姑姑送给他一双半新的皮鞋。他把这双鞋当成了宝贝，只有星期日上教堂才舍得穿，穿上它他感到很神气。他永远不会忘记这双鞋，因为有一天他穿了它踢球，结果鞋子被踢坏了，为这还挨了妈妈的罚。他本来只是想知道穿着鞋踢球是什么滋味。

也就是从那时起，贝利经常去体育场，一边看球，一边替观众擦鞋。球赛结束后爸爸来接他时，他已经赚了不少钱！他们手拉手地回家，非常高兴：父子俩都是有收入的人了！

贝利8岁时进入包鲁市的一所学校学习。他仍然光着脚踢球，不管严冬还是酷暑。他的球技在这日复一日的磨炼中已经让许多大人刮目相看了。就在这之后不久，人们就见识到了这个孩子精彩绝伦的球技。

从球王贝利的成长故事中，我们可以得出这样一个道理：决定我们命运的不是外在的环境、条件，而是我们自身奋斗的程度。只有不被环境摆布，掌控人生主动权的人才配拥有胜利的光环。环境如何并不能成为消极被动的借口。一味把责任推给环境，一个人一旦养成了这种消极的习惯，那么处于顺境或遇到成功时就容易自我满足、停滞不前；处于逆境或遇到困难时就容易轻言放弃、怨天尤人，极难成功。

卡耐基曾经说过："我的成功原则就是主动。在任何行业里，能达到自己主要人生目标的每一个人，都必须运用这项原则。它之所以十分重要，是因为没有一个人的成功，能够不借助于它的力量。你可以称之为'主动'的原则。研究一下任何一位被视为确实有所成就的人，你会发现，他都有一个明确的主要目标，也有一个完善的计划以达到他的目标，他的大部分心思和努力，都投注在如何主动去达到这一目标上。"

很多人之所以把自己的生活弄得一团糟，没能获得成功，有部分原因是因为他们不能够正确地看待自己，他们对自己往往抱一种消极悲观的态度。

　　有些人虽然有目标和理想，而且努力工作，但是最终仍然失败了；有些人希望做些有创造性的事，偏偏无所表现，为什么？问题或许就出在自己的内心。记住，"人是他自己最可恶的敌人"。

　　每个人的内心都有一个属于自己的小宇宙，当我们有了某种决心，并且相信它会变为事实时，我们小宇宙里的所有力量就会动起来，进而把自己的决心推向实现的方向。在不经意的某一天，你会发现，自己的梦想真的成为现实了。回头看一看，这些都是当初你自己的选择，重要的是那种认为自己行的念头一直在支撑着你，正是它改变并影响着你的行为。你将自己潜藏的能力表现出来，就像将深深沉睡在地下的矿藏挖掘出来一样，它本是属于你的，关键在于你是否知道自己有，是否相信自己才是自己命运的决定者。

积极是永不服老的"年轻态"

每个人都希望自己永远年轻,因而在祝福别人的时候,我们常常会说:青春永驻,永远年轻。但一个人的生命从年轻到衰老,是无法抗拒的自然规律。为了能延缓衰老,让自己多拥有一些年轻时光,一些人追寻各种养生秘方,保健品、保健器械、化妆品、医疗美容……过分关注外在的同时,却忽略了保持青春的另一个重要方面:保持一颗年轻的心。

一个人年轻与否,除了看他(她)的生理年龄和外表,更重要的是看他(她)的心理年龄,即看他是否拥有年轻的心态。如果你徒有一个年轻的外表,而失去了年轻的心,那你的"年轻"必然不会保持多久。保持年轻的心态并不意味着要放弃做一个成年人,回归孩童的幼稚,而是要我们对待现实的心态更积极、热情一些。

对于一个积极生活、热爱生命的人来说,年龄只是一个数字。你若认为自己衰老,你就会变得老气横秋;你若认为自己年轻,你就会变得生机勃勃。岁月只能在人的皮肤上留下皱纹,失去对生活的热情才能使人的心灵起皱。人的一生必然从青年走向老年,只要珍惜和把握,无论在哪一个年龄段,都可以创造人生美景。

美国前总统克林顿在白宫办公桌的玻璃板底下压着一张便条,上书:"年轻,只是一种心态。"克林顿正是以此来不断鞭策自己,始终以饱满的精神状态投入工作。

麦克阿瑟是美国历史上卓有成就的一名五星上将,同时也是获得功勋最多的军人之一。他投身军旅52载,身经两次大战,时时刻刻都以"责任、荣誉、国家"为念。他的名言"老兵不死,只有逐渐凋零"在人们心中留下了深远的回响。

麦克阿瑟一生都十分自信,满怀希望,积极而不疑虑。他晚年时,发表了一篇关于年轻的文章:"年龄使皮肤和灵魂起皱纹,并使你放弃兴趣、爱好,你有信仰就年轻,你若疑虑就年老;你有自信就年轻,你若恐惧就年老;你有希望就年轻,你若绝望就年老。在心底深处藏有一间记录室,如果永远收到美丽、希望、愉快和勇气的信号,你就永远年轻;当你的心房被悲观和怯懦主义所掩蔽,你就只有渐渐变老,渐渐凋零了。"

无独有偶,塞缪尔·尤尔曼,一个大器晚成、70多岁才开始写作的作家,在作品《年轻》中这样写道:"年轻,不是人生旅程中的一段时光,也不是红颜、朱唇和轻快的脚步,它是心灵中的一种状态,是头脑中的一个意念,是理性思维中的创造潜力,是情感活动中的一股勃勃生机,是使人生春意盎然的源泉。"

年轻,意味着放弃固执的温室和停滞的享受而去开创生活,意味着具有超越羞涩、怯懦的胆识和勇气。这样的人永远不会服老,即使到了60岁,其积极性也不逊于20岁的年轻人。没有人是仅仅因为时光的流逝而衰老的,只有放弃了自己的理想,消极面对世事的人才会变为真正的老人。

欧阳自参加工作后,一直在镇上教书。因为离农村老家不远,每隔一段时间他便要回家看望父母。走到村上,经常会碰到范大爷正专心致志地在他的那块蔬菜地里忙碌着。他70好几的人,耳不聋,眼不花,筋骨好得很,将那菜园管理得很好。他还经常将菜挑到附近的小集镇上去卖,换些零花钱。因为种得多,卖不了、吃不完,他就经常送些给左邻右舍,连欧阳这个"村外人"也好几次受到了他的"恩惠"。因此欧阳心中特别过意不去,就经常主动地跟他打招呼:"范大爷,您都近80

的人啦，儿孙都已成家立业了，您也该享享清福啦！"谁知他一拍大腿："我年纪不大，才 78 岁，小着呢！"说完，朗声大笑，担起水桶浇水去了。因为有追求，近 80 的老人并不觉得自己苍老，每天忙碌在田头。

中科院博导张梅玲教授已年过七旬，但她却风采依旧。还有活跃在教育界的全国著名特级教师王芳、李吉林……在广大教师的心目中，他们永远是那么年轻、充满活力。是什么让他们如此年轻，如此青春永驻？是不断地追求，对事业的无比热爱。

岁月不可避免地在你的皮肤上留下苍老的皱纹，但若保持热情，岁月就无法在你心灵上刻下痕迹，只有忧虑、恐惧和自卑等消极情绪才会使人苟活于尘世。

无论是 70 岁还是 17 岁，每个人的心里都会蕴含着奇迹般的力量，都会对进取和竞争怀着孩子般的无穷无尽的渴望。在每个人的心灵之中，都拥有一个类似无线电台的东西，只要能源源不断地接收来自人类和造物主的美好、希望、欢乐、勇气和力量的信息，你就会永远年轻。

永远年轻的状态是需要用对生活的热情和对人生的挑战去保持的，否则，你的心便会被玩世不恭的冷漠和悲观绝望的严酷所覆盖，哪怕你只有 20 岁，你也会衰老。但如果你永远保持热情和"不服老"的精神，捕捉每一个积极进取的音符，那你就会有希望在古稀之年依然年轻。

第三章

你是最好的自己

每个生命都不卑微

著名企业家迈克尔出身贫寒,家境穷困潦倒。在从商以前,他曾是一家酒店的服务生,干的就是替客人搬运行李、擦车的活。

有一天,一辆豪华的劳斯莱斯轿车停在酒店门口,车主人吩咐一声:"把车洗洗。"迈克尔那时刚刚中学毕业,还没有见过世面,从未见过这么漂亮的车子,不免有几分惊喜。他边洗边欣赏这辆车,擦完后,忍不住拉开车门,想上去享受一番。这时,正巧领班走了出来,"你在干什么?穷光蛋!"领班训斥道,"你不知道自己的身份和地位吗?你这种人一辈子也不配坐劳斯莱斯!"

受辱的迈克尔从此发誓:"这一辈子我不但要坐上劳斯莱斯,还要拥有自己的劳斯莱斯!"

他的决心是如此强烈,以至于成了他人生的奋斗目标。许多年以后,当他事业有成时,果然买了一辆劳斯莱斯轿车!

如果迈克尔也像领班一样认定自己的命运,那么,也许今天他还在替人擦车、搬运行李,最多做一个领班。霍兰德说:"在最黑的土地上生长着最娇艳的花朵,那些最伟岸挺拔的树木总是在最陡峭的岩石中扎根,昂首向天。"而高普更是一语道破天机,他说:"并非每一次不幸都是灾难,早年的逆境通常是一种幸运,与困难作斗争不仅磨炼了我们的人生,也为日后更为激烈的竞争准备了丰富的经验。"

美国 NBA 男子职业联赛中有一个夏洛特黄蜂队,黄蜂队有一位身高仅 1.60 米的运动员,他就是蒂尼·伯格斯——NBA 最矮的球星。伯格斯这么矮,怎么能在巨人如林的篮球场上竞技,并且跻身大名鼎鼎的 NBA 球星之列呢?这是因为伯格斯的自信。

伯格斯自幼十分喜爱篮球,但由于身材矮小,伙伴们瞧不起他。有一天,他很伤心地问妈妈:"妈妈,我还能长高吗?"妈妈鼓励他:"孩子,你能长高,长得很高很高,会成为人人都知道的大球星。"从此,长高的梦像天上的云在他心里飘动着,每时每刻都闪烁着希望的火花。

"业余球星"的生活即将结束了,伯格斯面临着更严峻的考验——1.60 米的身高能打好职业赛吗?

伯格斯横下心来,决定要在高手如云的 NBA 赛场上闯出自己的一片天地。"别人说我矮,反倒成了我的动力,我偏要证明矮个子也能做大事情。"在威克·福莱斯特大学和华盛顿子弹队的赛场上,人们看到蒂尼·伯格斯简直就是个"地滚虎",从下方来的球 90% 都被他收走……

后来,凭借精彩出众的表现,蒂尼·伯格斯加入了实力强大的夏洛特黄蜂队,在他的一份技术分析表上写着:投篮命中率 50%,罚球命中率 90%……

一份杂志专门为他撰文,说他个人技术好,发挥了矮个子重心低的特长,成为一名使对手害怕的断球能手。"夏洛特的成功在于伯格斯的矮",不知是谁喊出了这样的口号。许多人都赞同这一说法,许多广告商也推出了"矮球星"的照片,上面是伯格斯淳朴的微笑。

成为著名球星的伯格斯始终牢记着当年妈妈鼓励他的话,虽然他没有长得很高,但可以告慰妈妈的是,他已经成为人人都知道的大球星了。其实,每个生命都不卑微。在我们的生活中,也许我们常常会看到这样的人,他们因自己角色的卑微而否定自己的智慧,因自己地位的低下而放弃自己的梦想,有时甚至因被人歧视而消沉,因不被人赏识而苦恼。这个时候,我们就应该给予他们更多的支持和鼓励,而不是冷漠的鄙视和嘲笑。

强大的自信心让你远离痛苦

自信的释义是：对自己恰当、适度的信心，也是心理健康的重要标志。如果你有了自信，你就是最有魅力的人。做一个不依不靠、独立自主的人，并不一定非得是那种自主创业的强人，但是在内心深处必须要有一个信念，一定要做强者！

心态决定一切，尤其是你对自己的态度，这不仅决定着每一件具体事情的结果，更决定着你将面临一个什么样的命运。

老天对每一个人都是公平的：如果他没给你一个漂亮的面孔，一定会给你相当高的智商；如果没有给你一个苗条的身材，一定会给你一个健壮的身体；如果没有给你白皙的皮肤，一定会给你一张可人的笑脸……总之，不会厚此薄彼。只有最自信的人、最有勇气追求的人才最有魅力。

小青是一个极其普通的农村女青年，当年高考落榜后，她没有消沉，而是勤奋苦学。后来，她到大城市去打工，日子的艰苦自然能够想象得到。有时一天三餐都吃不饱，可是小青并没有因为生活的艰辛而放弃梦想，她一直坚信自己可以摆脱这种穷苦的生活。

后来，她到一家报社毛遂自荐当一名记者，她的文笔确实不错，思维很敏捷，并且不要一分钱工资，因而成功被录用。小青的日常生活就靠写稿来维持。经过几年的努力，她成了一位颇有名气的记者，而且在所有女记者当中，她是最年轻的一位。

自信是成功人生最初的驱动力，是人生的一种积极的态度和向上的激情。在我们周围，有许多人或许没有迷人的外表，或许没有骄人的年龄，但是他们拥有自信，每天都开心地面对工作和生活，给朋友的笑容永远是最灿烂的，声音永远是最甜美的，祝福也是最真诚的。他们总是给人一种赏心悦目、如沐春风的感觉，他们凭着自己的信心去过自己想要的生活，这样的人永远自信快乐。

自卑的人，可以从下面这些途径和方法中找到自己的自信。

1. 挑前面的位置坐

日常生活中，在教室或教堂的各种聚会中，不难发现后排的位置总是先被坐满。大部分选择后面座位的人有个共同点，就是缺乏自信。坐在前面能建立自信，把它作为一个准则试试看。当然，坐在前面会惹人注目，但是要明白，有关成功的一切都是显眼的。

2. 试着当众发言

许多有才华的人却无法发挥他们的长处参与到讨论中，他们并不是不想发言，而是缺乏自信。从积极这个角度来说，尽量地发言会增强自己的信心，不论是赞扬还是批评，都要大胆地说出来，不要害怕自己的话说出来会让人嘲笑，总会有人同意你的意见，所以不要再问自己："我应该说出来吗？"

该说的时候一定要大声说出来，提高自信心的一个强心剂就是语言能力。一个人如果可以把自己的想法清晰、明确地表达出来，那么他一定具有明确的目标和坚定的信心。

3. 加快自己的走路速度

通常情况下，一个人在工作、情绪上的不愉快，可以从他松散的姿势、懒惰的眼神上看出来。心理学家指出，改变自己的走路姿势和速度，可以改变心理状态。看看周围那些表现出超凡自信心的人，走路的速度肯定比一般人要快一些。从他们的步伐中可以看到这样一种信息：我自信，相信不久之后我就会成功。所以，试着加快自己的走路速度。

4. 说话时，一定要正视对方

眼睛是心灵的窗户，和对方说话时眼神躲躲闪闪就意味着：我犯了错误，我瞒着你做了别的事，怕一接触你的眼神就会穿帮。这是不好的信息。而正视对方就等于告诉他：我非常诚实，我光明正大，我告诉你的话都是真的，我不心虚。想要你的眼睛为你工作，就要让你的眼神专注别人，这样不但能增强自己的信心，而且能够得到别人的信任。

5. 不要顾忌，大声地笑

笑可以使人增强信心，消除内心的惶恐，还能够激发自己战胜困难的勇气。真正的笑不但能化解自己的不良情绪，还能够化解对方的敌对情绪。向对方真诚地展露微笑，相信对方也不会再生你的气了。当你生气时，一定要对自己大声地笑，能大笑的时候就大笑，微微一笑是起不到什么大作用的，只有大笑才能看到成效。

自信的人是最美的，他所散发出来的魅力不会因外表的平凡而有丝毫的减少。要用一种欣赏的眼光看世界，更要用欣赏的眼光看自己。好好欣赏你自己，因为自信，所以你魅力四射，让自己的世界更加五彩缤纷、绚丽多姿。

信心是力量与希望的源泉

并不是每一个贝壳都可以孕育出珍珠,也不是每一粒种子都可以萌生出幼芽,流水也会干涸,高山也可崩塌,而自信的人,可以在纷乱红尘中自由驰骋,游刃有余。

凡是自信的人都具有独立思考的能力以及忍辱负重的耐力,以智慧判断出自己所需要的东西,树立正确的理想并且为之奋斗。人的一生,只有为自己作出了准确定位,走稳了自己的脚步,才能做到有目的而不盲从,遇挫折而不退缩,才能活出生命的意义。

沙粒之所以能成为珍珠,是因为它有成为珍珠的信念。芸芸众生都只是一粒粒平凡的沙子,但只要怀有成为珍珠的信念,就能长成一颗颗珍珠。

很久以前,有一个养蚌人,他想培养一颗世上最大最美的珍珠。他去海边沙滩上挑选沙粒,并且一颗一颗地问那些沙粒,愿不愿意变成珍珠。那些沙粒一颗一颗都摇头说不愿意。养蚌人从清晨问到黄昏,他都快要绝望了。

就在这时,有一颗沙粒答应了他。

旁边的沙粒都嘲笑那颗沙粒,说它太傻,去蚌壳里住,远离亲人、朋友,见不到阳光、雨露、明月、清风,甚至还缺少空气,只能与黑暗、潮湿、寒冷、孤寂为伍,不值得。

可那颗沙粒还是无怨无悔地随着养蚌人去了。

几年过去了,那颗沙粒已长成了一颗晶莹剔透、价值连城的珍珠,而曾经嘲笑它的那些伙伴们,依然只是一堆沙粒,有的已风化成土。

也许你只是众多沙粒中最平凡的一粒，但只要你有要成为珍珠的信念，并且忍耐、坚持下去，当走过黑暗与苦难的长长隧道时，你就会惊讶地发现，在不知不觉中，你已长成了一颗珍珠。每颗珍珠都是由沙粒磨砺出来的，能够成为珍珠的沙粒都有着成为珍珠的坚定信念，并为之无怨无悔。

很多人都曾有过怀才不遇的感觉，自认为自己的才华未得到别人的认可，能力无处施展，这时候，不妨反省自己，以弥补自己的缺陷，使自己在沉淀之后变得更加坚韧。

其实，人最佳的心态莫过于能屈能伸，既要有成为珍珠的信念，也要在信念的实现过程中承受必要的压力，甚至屈辱。在现实生活中，有的人会"为了理想把侮辱当饭吃"，还有的人会为了坚持理想而忍辱负重。

我们常常将理想比作前行路上的灯塔，即使海面波浪翻滚，狂风暴雨，依然能够为船只照亮前行的方向，这理想即是信念，更是智慧的导航。

从现在起,不再对自己进行否定

英国著名政治改革家和道德家塞缪尔·斯迈尔斯认为,一个人必须养成肯定事物的习惯。如果不能做到这一点,即使潜在意识能产生更好的作用,仍旧无法实现愿望。与肯定性的思考相对的,就是否定性的思考,凡事以积极的方式即是肯定,而以消极的方式则是否定。

人类的思考容易向否定的方向发展,所以肯定思考的价值愈发重要。如果经常抱着否定的想法,必然无法期望理想人生的降临。有些人嘴里硬说没有这种想法,事实上已经受到潜在意识的不良影响了。

有些人经常否定自己,"凡事我都做不好","人生毫无意义可言,整个世界只是黑暗","过去屡屡失败,这次也必然失败","没有人肯和我结婚","我是个不善交际的人"……持这类想法的人,生活往往不快乐。

当我们问及此种想法由何产生,得到的回答多半是:"这是认清事实的结果。"尤其是忧郁者,他们会异口同声地说:"我想那是出于不安与忧虑吧!我也拿自己没办法。"然而,换一个角度去想,现实并不像你所想的那么糟,例如有些人会想:"我虽然一无是处,但也过得自得其乐,不是吗?"

肯定自我,有了乐观而积极的想法,你才会找到新的人生方向和意义。诸如失恋、失业之类的残酷事实,有时会不可避免地发生,但千万不要因此而绝望地否定自己,从此一蹶不振。肯定思考不涉及任何意念智慧，而全由思考的层面而定，亦即对于事物所思考的结果。

当人处于绝望状态时，更应肯定思考，如在人生处于悲惨的时刻告诉自己："与其呼天唤地，不如以积极的态度来面对。"

两兄弟相伴去遥远的地方寻找人生的幸福和快乐。他们一路上风餐露宿，在即将到达目的地的时候，遇到了一条风急浪高的大河，而河的彼岸就是幸福和快乐的天堂。关于如何渡过这条河，两个人产生了不同的意见，哥哥建议采伐附近的树木造一条木船渡过河去，弟弟则认为无论哪种办法都不可能渡得了这条河，与其自寻死路，不如等这条河流干了，再轻轻松松地走过去。

于是，建议造船的哥哥每天砍伐树木，辛苦而积极地制造木船，同时也学会了游泳；而弟弟则每天躺在床上睡觉，然后到河边观察河水流干了没有。直到有一天，已经造好船的哥哥准备扬帆的时候，弟弟还在讥笑他愚蠢。

不过，哥哥并不生气，临走前只对弟弟说了一句话："你没有去做这件事，怎么知道它不会成功呢？"

能想到等河水流干了再过河，这确实是一个"伟大"的创意，可惜这是个注定永远失败的创意。这条大河终究没有干枯，而造船的哥哥经过一番风浪最终到达彼岸，俩人后来在这条河的两岸定居了下来，也都有了自己的子孙后代。河的一边叫幸福和快乐的沃土，生活着一群我们称之为积极思考的人；河的另一边叫失败和失落的荒地，生活着一群我们称之为消极空虚的人。

积极和消极这两种截然相反的心态会带给人们巨大的反差。如果以消极的态度来对待一件事，这种态度就决定了你不能出色地完成任务；只有以积极的态度来对待，你才能出色地、超乎寻常地完成这件事。当然，持有消极心态的人并非完全不能转变成一个具有积极心态的人。

  总之,任何事物都有两面性,对于我们所处的境地,如果对此一味悲哀,或无所适从,不但无法改变目前状况,也很难实现人生理想。所以说,即使身处绝境,仍应保持肯定的思考态度,积极的思考能使你集中所有的精力去成就一番事业。

克服自卑的11种方法

自卑，就是自己轻视自己，认为自己不如别人。自卑心理严重的人，并不一定就是他本人具有某种缺陷或短处，而是不能悦意容纳自己，自惭形秽，常把自己放在一个低人一等，不被自己喜欢，进而演绎成别人看不起的位置，并由此陷入不能自拔的境地。

自卑的人心情低沉，郁郁寡欢，常因害怕别人瞧不起自己而不愿与别人来往，只想与人疏远，他们缺少朋友，甚至自责、自罪；他们做事缺乏信心，没有自信，优柔寡断，毫无竞争意识，享受不到成功的喜悦和欢乐，因而感到疲劳，心灰意懒。

征服畏惧，战胜自卑，不能夸夸其谈，止于幻想，而必须付诸实践，见于行动。建立自信最快、最有效的方法，就是去做自己害怕的事，直到获得成功。

1. 了解自己的想法

有时候，问题的关键是我们的想法，而不是我们想什么事情。人的自卑心理来源于心理上的一种消极的自我暗示，即"我不行"。正如哲学家斯宾诺莎所说："由于痛苦而将自己看得太低就是自卑。"这也就是我们平常说的自己看不起自己。悲观者往往会有抑郁的表现，他们的思维方式也是一样的。所以先要改变戴着墨镜看问题的习惯，这样才能看到事情乐观的一面。

2. 放松心情

努力放松心情，不要想不愉快的事情。或许你会发现事情并没有你想的那么严重，会有一种豁然开朗的感觉。

3. 幽默

学会用幽默的眼光看事情，轻松一笑，你会觉得其实很多事情都很有趣。

4. 与乐观的人交往

与乐观的人交往，他们看问题的角度和方式，会在不知不觉中感染你。

5. 尝试小小的改变

先做一点小的尝试。比如，换个发型，画个淡妆，买件以前不敢尝试的比较时髦的衣服……看着镜子中的自己，你会觉得心情大不一样，原来自己还有这样一面。

6. 寻求他人的帮助

寻求他人的帮助并不是无能的表现，有时候当局者迷，当我们在悲观的泥潭中拔不出来的时候，可以让别人帮忙分析一下，换一种思考方式，有时看到的东西就大不一样。

7. 要增强信心

只有自己相信自己，乐观向上，对前途充满信心，并积极进取，才是消除自卑、走向成功的最有效的补偿方法。悲观者缺乏的，往往不是能力，而是自信。他们往往低估了自己的实力，认为自己不行。记住一句话：你说行就行。事情摆在面前时，如果你的第一反应是"我能行"，那么你就会付出自己最大的努力去面对它。当你全身心投入之后，最后你会发现你真的做到了。反之，如果认为自己不行，自己的行为就会受到这个念头的影响，从而失去很多好机会，因为你一开始就认为自己不行，最终失败了也会为自己找到合理的借口："瞧，当初我就是这么想的，果然不出我所料！"

8. 正确认识自己

对过去的成绩要作分析。自我评价不宜过高，要认识自己的缺点和弱点，充分认识自己的能力、素质和心理特点。要有实事求是的态度，不夸大自己的缺点，也不抹杀自己的长处，这样才能确立恰当的追求目标。特别要注意对缺陷的弥补和优点的发扬，将自卑的压力变为发挥优势的动力，从自卑中超越。

9. 客观全面地看待事物

具有自卑心理的人，总是过多地看重自己不利、消极的一面，而看不到有利、积极的一面，缺乏客观全面地分析事物的能力和信心。这就要求我们努力提高自己透过现象抓本质的能力，客观地分析对自己有利和不利的因素，尤其要看到自己的长处和潜力，而不是妄自嗟叹、妄自菲薄。

10. 积极与人交往

不要总认为别人看不起你而离群索居。你自己瞧得起自己，别人也不会轻易小看你。能不能从良好的人际关系中得到激励，关键还在自己。要有意识地在与周围人的交往中学习别人的长处，发挥自己的优点，多在群体活动中培养自己的能力，这样可预防因孤陋寡闻而产生的畏缩躲闪的自卑感。

11. 在积极进取中弥补自身的不足。

有自卑心理的人大多比较敏感，容易接受外界的消极暗示，从而愈发陷入自卑中不能自拔。而如果能正确对待自身的缺点，变压力为动力，奋发向上，就会取得一定的成绩，从而增强自信，摆脱自卑。

自信，人生才能有幸

小泽征尔是世界著名的交响乐指挥家，关于他有一个很有名的故事。

在一次世界级优秀指挥家大赛的决赛中，小泽征尔按照评委会给出的乐谱指挥演奏。在演奏过程中他敏锐地发现了不和谐的声音。起初，他以为是乐队演奏出了问题，就停下来重新指挥演奏，但还是不对。再三考虑后，他觉得是乐谱有问题，于是再次停下来向评委会提出自己的看法。这时，在场的作曲家和评委会的权威人士无一例外地坚持说乐谱绝对没有问题，是他错了。面对一大批音乐大师和权威人士，小泽征尔思考再三，最后斩钉截铁地大声说："不！一定是乐谱错了！"话音刚落，评委席上的评委们立即站起来，对他报以热烈的掌声和不住的赞叹，祝贺他赢得了整场比赛。

原来，这是评委们精心设计的"圈套"，以此来检验指挥家在发现乐谱错误并遭到权威人士集体否定的情况下，能否坚持自己的正确主张，不被权威言论干扰。前两位参加决赛的指挥家虽然也发现了错误，但终因不相信自己的想法而附和权威们的意见而被淘汰。小泽征尔却因充满自信而摘取了世界指挥家大赛的桂冠。

从小到大，我们听过长辈无数次的教诲要对自己有信心，要自信，可每到关键时刻都会不由自主地怀疑自己。"我可以吗？我真的行吗？"等事情结束了又后悔抱怨："如果当初坚持我的看法就好了，我明明是对的。"我们就在自己的抱怨声中错过了一次又一次接近成功的机会。

拳击运动员在看准目标后,收拢五指,攥紧拳头,积聚全身的力量用力出击,一拳又一拳地打在对手身上,扎扎实实。我们看到的是力量。

春天小草破土而出,歪歪斜斜地扎根在属于它的土壤里,即便忍受风吹雨打,即便遭人践踏,仍然顽强地生存着。我们看到的是韧性。

诸葛亮大开城门,于城楼上拂琴,童子侍立,卒扫西街,虽无兵迎敌,却逼得司马懿引兵而退。我们看到的是沉着冷静,气定神闲。

很多时候,自信对我们而言,就是一种积蓄了很久突然迸发出的力量,是来自生命力中不屈不挠的韧性,是内心的淡定和坦然。孔子说,"仁者不忧,智者不惑,勇者不惧",能做到不忧、不惑、不惧的人,内心必然是无比强大和自信的。不看重外在世界的纷繁变化,不在意个人的得与失,内心的强大与坦然,能够化解许许多多的遗憾。而内心的这份强大与坦然,就是来自自信,只有相信自己,才能调动起你所有的潜能。

萧伯纳曾经说过,"有信心的人,可以化渺小为伟大,化平庸为神奇"。俗话说,能登上金字塔的生物只有两种,老鹰和蜗牛。虽然我们不能人人都能像雄鹰一样展翅翱翔、一飞冲天,但至少我们可以像蜗牛那样凭着自己的信念和耐力不断前行。每个人生来都是不同的个体,但我们每个人都有对生活的热爱,有对高尚的渴望,有对真理的追求。自信能让我们感到生命的活力,保持勇往直前、奋发向上的劲头。人生需要进取的力量,而自信是和力量成正比的。只有具备了足够进取力量的认识,才是激昂向上的人生。但是,在这个过程中,我们要认清自己,不能盲目自信。每个人都有优点，自信是在内心提醒自己看到自己的优点，从而把优点变成行动力，而不是明知做不到却故意为之。蜗牛可以爬上金字塔，但如果说它也能翱翔在蓝天，那就是自欺欺人了。

如果把我们的生命比作一片沃土，那么，自信心就是一粒生命的种子，它深藏在每个人心里，随时都可能发芽并开出绚烂夺目的花朵。不要让属于你的这粒生命种子永远埋在土里。

勇于将愿望付诸行动

有一位老教授，一生爱好收藏，早年收藏了许多价值连城的古董。他的老伴很早就死了，留下三个孩子。后来，孩子们长大以后就出国了，很少回来看他。

孩子不在身边，老教授一直很寂寞，所幸还有一个昔日的学生经常来陪他。

许多人都说："这位年轻人放着自己的正事不干，成天陪着老头子，好像很孝顺的样子，他这样做都是为了老头子的钱！"

老教授的孩子们，也常从国外打电话回来，叮咛老教授务必小心，千万不要被骗。

"我当然知道，"老教授总是这么说，"我又不是傻瓜。"

后来老教授死了。律师宣读遗嘱时，三个孩子都从国外赶回来，老教授的那一位学生也到了。遗嘱宣读之后，三个孩子的脸都绿了，因为老教授把大半的收藏都留给了那个学生。

同时，老教授在遗嘱上向孩子们解释说："我知道他可能看上我的古董收藏。但是，在我寂寞的晚年，只有他才是真正照顾我的人！孩子们尽管爱我，但是说在嘴里、挂在心上，却从不伸出手来照顾我。就算我这位学生的热心都是假的，但是，能够这样陪我、照顾我十几年，连句怨言都没有，这是你们都没有做到的。"

诚如老教授所说，只是在嘴上说出美好的愿望却没有实际行动的人是多么不正常和不真诚啊，虽然我们在做事情的时候没有必要提前宣布，但我们必须要在行动中表现出我们的愿望。尽管行动有时候并不能帮助我们达成自己的愿望,但是没有行动的愿望就只能是空想,它永远都不可能被落实在生活的深处。

有一个一贫如洗的年轻人总是想着如何能够摆脱贫穷,但又不想付诸行动,于是他每隔两三天就到教堂祈祷,而且他的祷告词几乎每次都相同。

第一次他到教堂时,跪在圣坛前,虔诚地低语:"上帝啊,请念在我多年来敬畏您的分上,让我中一次彩票吧!"

几天后,他又垂头丧气地回到教堂,同样跪着祈祷:"上帝啊,为何不让我中彩票?我愿意更谦卑地来服侍您,求您让我中一次彩票吧!"

又过了几天,他再次出现在教堂,同样重复着他的祈祷。如此周而复始,他不间断地祈求着。

后来,他跪着说:"我的上帝,您为什么不垂听我的祈求呢?让我中彩票吧!只要一次,让我解决所有困难,我愿终身奉献,专心侍奉您。"

就在这时,圣坛上空传来一个宏伟庄严的声音:"我一直在垂听你的祷告。可是最起码,你也该先去买一张彩票吧!"

现实生活中没有如此愚蠢的事,但却有如此愚蠢的人。心中有好的想法却不愿或不敢行动起来,类似的事情在你身上也可能发生。想想你是不是常常渴望成功,却没有为成功做出过一丝一毫的努力?

你应该懂得,要成功,光有愿望是不够的,还必须有一定要成功的决心,配合确切的行动,坚持到底,方能成功。

行动,是通往成功的清幽小路。只有下定决心,不断地学习、奋斗、成长,才能摘到成功的甜美果实。而大多数的人,在开始时都有很远大的梦想,如同故事中那位祈祷者。但却从未付诸行动。缺乏决心与实际行动的梦想,会慢慢萎缩,种种消极与不可能的思想衍生,甚至于就此不敢再存任何梦想,过着随遇而安、乐于知命的平庸生活。

这也是为何成功者总是占少数的原因。了解了一些成功哲学后的你，是否真心愿意为自己的理想，认真地下定追求到底的决心，并且马上行动呢？

第四章

在难熬的日子笑出声来

人生没有真正的难题

"经营之神"松下幸之助从不向命运低头。9岁时，因为家境贫困，他不得不外出赚取生活费。他远赴大阪谋职，母亲为他准备好行囊，并送他到车站。临行前，母亲特地向同行的人诚恳地拜托："这个孩子要单独去大阪，请各位在旅途中多多关照。"母亲悲凄的背影给他留下了深刻的印象。不久，松下幸之助来到大阪，在船场火盆店当学徒，开始了艰苦的谋生。小小年纪，远离亲人，他感到孤单无助，甚至丧失了生活的信心。有一次，店主叫住他，递给他一个五钱的白铜货币，说是薪水。他吃惊极了，他从来没有见过五钱的白铜货币，这对穷人家的孩子来说，是一个相当可观的数目。报酬激起了他工作的激情，也扬起了他奋斗的风帆，他变得更加坚强。他不辞辛苦地打杂，磨火盆，有时，一双手磨得皮破血流，连提水、打扫的活儿都干不了，但他挺了过来。渐渐地，松下幸之助掌握了自己的命运。

俄国作家列夫·托尔斯泰说："人生不是一种享乐，而是一桩十分沉重的工作。"人生不可能永远一帆风顺，人生旅程中，如同穿越崇山峻岭，时而风吹雨打，困顿难行；时而雨过天晴，鸟语花香。当苦难来临时，有的人自怨自艾，意志消沉，一蹶不振；而有的人则不屈不挠，与苦难作斗争，成为生活的强者。**苦难是人生的必修课，强者视它为垫脚石。**

道本连自己的名字都不会写，却在大阪的一所中学当了几十年的校工。尽管工资不多，但他已经很满足目前的生活。就在他快要退休时，新上任的校长以他"连字都不认识,却在校园工作,太不可思议了"为由,将他辞退了。道本恋恋不舍地离开了校园。像往常一样,他去为自己的晚餐买半磅香肠,但快到食品店门前时,他想起食品店已经关门多日了。而不巧的是,附近街区竟然没有第二家卖香肠的。忽然,一个念头在他脑海里闪过——为什么我不开一家专卖香肠的小店呢?他很快拿出自己仅有的一点儿积蓄开了一家食品店,专门卖起香肠来。因为道本灵活多变的经营,10年后,他成了一家熟食加工公司的总裁,他的香肠连锁店遍及了大阪的大街小巷,并且是产、供、销"一条龙"服务,颇有名气的道本香肠制作技术学校也应运而生。

一天,当年辞退他的校长得知这位著名的董事长识字不多时,便十分敬佩地称赞他:"道本先生,您没有受过正规的学校教育,却拥有如此成功的事业,实在是太不可思议了。"道本诚恳地回答:"真感谢您当初辞退了我,让我摔了跟头,从那之后我才认识到自己还能干更多的事情。否则,我现在肯定还是一位靠一点儿退休金过日子的校工。"

能够克服困难,首先就向成功迈进了一大步。松下幸之助与道本的经历告诉我们,成功者首先是从困境中崛起的。困境可以锻炼一个人的品格,也可以激发一个人向上发展的勇气和潜力。在困境中,当被逼得无路可退、无路可走时,人们往往会想出办法来自救,无形之中反而促成了人生的辉煌。所以,人应该感谢苦难,因为苦难中孕育着成功。

如果幸福是人生的目标,那么,苦难就是人们达到这一目标必不可少的条件。要享受成功的快乐就必须承受痛苦和挫折。事实上,苦难往往是化了妆的幸福,人生从来没有真正的绝境,无论遭受多少艰辛与苦难,只要我们仍具有坚持信念的勇气,总有一天,我们能走出困境,让生命重新开花结果。

生活是一片百花园，苦难也芬芳

逆境也可以说是一种挫折，面对挫折时我们不要退缩，更不要埋怨挫折对你无休止的磨难，要学会用心灵打磨挫折，用热情去迎接挫折，用坚韧不拔的意志去战胜挫折。

命运是无情的，也许我们每个人都无法选择它。即使面对苦难，我们也只有默默地承受而无处躲藏，但是，很多时候，我们会发现，在经历了苦难之后，我们的心开始变得勇敢，我们的意志开始变得坚强……

有一个男孩4岁时由于患上了麻疹和可怕的昏厥症，他险些丧命；儿童时期，曾经患过严重的肺炎；中年时口腔疾病严重，口舌糜烂，满口疮痍，只好拔掉所有牙齿，紧接着又染上了可怕的眼疾，他几乎不能够凭视觉行走；50岁后，相继发作的关节炎、肠道炎、喉结核等多种疾病吞噬着他的肌体；后来，他完全不能发出声音。只能由儿子凭他的口型翻译他的思想，在他57岁那年，他离开了人世。

他从4岁时便开始与苦难为伍，直到死时依然没能摆脱疾病的纠缠，但是苦难并没有使他低头，相反，他却在苦难中脱颖而出，他是怎么做的？他最终得到了什么？

他长期闭门不出，把自己禁闭起来，疯狂地每天练10个小时的小提琴，忘记了饥饿与死亡；在13岁时，他过着流浪的生活，开始周游各地，除了身上的一把小提琴，他便一无所有。同时，他坚持学习作曲与指挥艺术，付出艰辛的努力与汗水，创作出了《随想曲》《无穷动》《女妖舞》和6部小提琴协奏曲及许多吉他演奏曲。

15岁时,他成功举办了一次举世震惊的音乐会,使他一举成名。他的名字传遍英、法、德、意、奥等很多国家。

帕尔玛首席提琴家罗拉听到了他的演奏惊异得从病床上跳下来,木然而立;维也纳一位听到他的琴声的人,以为是一支乐团在演奏,当得知台上是他一人的独奏时,便大叫"他是一个魔鬼",匆匆逃走。卢卡共和国宣布他为首席小提琴家。他就是世界超级小提琴家帕格尼尼,苦难没有打倒他,相反,他在苦难中成长为音乐的巨人。

人的天性就是敬仰强者,唾弃弱者。想得到他人的认可,自己先要变得强而有力。也许生活是有缺陷的,但生活的意义却是给人们同样的机会,有信心和勇气去争取,就会战胜自身的缺陷,在生命的困顿中出人头地,找到生活的意义。

在坎坷的路途上,坚强勇敢的人抓得住机会,他们战胜了,他们存活下来了,他们就出人头地!我们每一个人都要经历磨难,我们不应该被磨难压弯脊柱,而应做一个把苦难打倒的坚韧之人。

在弱者眼里,苦难是鞋里的细沙;而在强者眼里,苦难则是一颗华丽的珍珠。苦难让我们变得更加坚强,苦难让我们始终保持着清醒的头脑,苦难让我们知道我们所拥有的都是来之不易的,它让我们学会了对生活感恩,学会了对生活珍惜……

感谢苦难,感谢那曾经带给我们无限痛苦的命运女神。

没有永久的不幸

有人说:"没有永久的幸福,也没有永久的不幸。"尽管在生活中,我们每个人都会遇到各种各样的挫折和不幸,而且有的人不仅仅要承受一种磨难,有的人受打击的时间可能长达几年、十几年,但是让人极度讨厌的厄运也有它的"致命弱点",那就是它不会持久存在。

人们在遭受了生活的打击之后,总是习惯抱怨自己的命不好,身边没有能够帮忙的朋友,家世也不好,没有可依靠的父母,等等。其实抱怨并不能解决问题,当问题发生的时候,我们一定要相信——厄运不久就会远走,转运的一天迟早会到来。

宾夕法尼亚州匹兹堡有一个女人,她已经35岁了,过着平静、舒适的中产阶层的家庭生活。但是,她突然连遭四重厄运的打击。丈夫在一次事故中丧生,留下两个小孩;没过多久,一个女儿被烤面包的油脂烫伤了脸,医生告诉她孩子脸上的伤疤终生难消,母亲为此伤透了心;她在一家小商店找了份工作,可没过多久,这家商店就关门倒闭了;丈夫给她留下一份小额保险,但是她耽误了最后一次保费的续交期,因此保险公司拒绝支付保费。

碰到一连串不幸事件后,女人近于绝望。她左思右想,为了自救,她决定再做一次努力,尽力拿到保险补偿。在此之前,她一直与保险公司的普通员工打交道。当她想面见经理时,接待员告诉她经理出去了。她站在办公室门口无所适从,就在这时,接待员离开了办公桌。机遇来了,她毫不犹豫地走进里面的办公室。结果,看见经理独自一人在那里。经理很有礼貌地问候了她。她受到了鼓励，沉着镇定地讲述了索赔时碰到的难题。经理派人取来她的档案，经过再三思索，决定应当以德为先，给予赔偿，虽然从法律上讲公司没有承担赔偿的义务。工作人员按照经理的决定为她办了赔偿手续。

但是，由此引发的好运并没有到此中止。经理尚未结婚，对这位年轻寡妇一见倾心。他给她打了电话，几星期后，他为她推荐了一位医生，医生为她的女儿治好了病，脸上的伤疤被清除干净了；经理通过在一家大百货公司工作的朋友给她安排了一份工作，这份工作比以前那份工作好多了。不久，经理向她求婚。几个月后，他们结为夫妻，而且婚姻生活相当美满。

这个故事很好地阐释了"厄运"的寿命，厄运不会一直存在于我们的生活里。

易卜生说："不因幸运而故步自封，不因厄运而一蹶不振。真正的强者，善于从顺境中找到阴影，从逆境中找到光亮，时时校准自己前进的目标。"

任何时候都不要因厄运而气馁，厄运不会时时伴随你，阴云之后阳光很快就会来临。

困难是弹簧，你弱它就强

成就平平的人往往是善于发现困难的"天才"，他们善于在每一项任务中都看到困难。他们莫名其妙地担心前进路上的困难，这使他们勇气尽失。他们对于困难似乎有惊人的"预见"能力。一旦开始行动，他们就开始寻找困难，时时刻刻等待着困难的出现。当然，最终他们发现了困难，并且被困难击败。这些人似乎戴着一副有色眼镜，除了困难，他们什么也看不见。他们前进的路上总是充满了"如果""但是""或者"和"不能"。这些东西足以使他们止步不前。

一个向困难屈服的人必定会一事无成，一个人的成就与他战胜困难的能力成正比。他战胜越多别人所不能战胜的困难，他取得的成就也就越大。如果你足够强大，那么困难和障碍会显得微不足道；如果你很弱小，那么障碍和困难就显得难以克服。有的人虽然知道自己要追求什么，却畏惧成功道路上的困难。他们常常把一个小小的困难想象得比登天还难，一味地悲观叹息，直到失去了克服困难的机会。那些因为一点点困难就止步不前的人，与没有任何志向、抱负的庸人无异，他们终将一事无成。

成就大业的人，面对困难时从不犹豫徘徊，从不怀疑自己克服困难的能力，他们总是能紧紧抓住自己的目标。对他们来说，自己的目标是伟大而令人兴奋的，他们会向着自己的目标坚持不懈地攀登，而暂时的困难对他们来说则微不足道。伟人只关心一个问题："这件事情可以完成吗？"而不管他将遇到多少困难。只要事情是可能的，所有的困难就都可以克服。

我们随处可见自己给自己制造障碍的人。在每一个学校或公司董事会中或多或少地都有这样的人。他们总是善于夸大困难，小题大做。如果一切事情都依靠这种人，结果就会一事无成。如果听从这些人的建议，那么一切造福这个世界的伟大创造和成就都不会存在了。

一个会取得成功的人也会看到困难，却从不惧怕困难，因为他相信自己能战胜这些困难，他相信一往无前的勇气能扫除这些障碍。有了决心和信心，这些困难又算得了什么呢？对拿破仑·波拿巴来说，阿尔卑斯山算不了什么。并非阿尔卑斯山不可怕，冬天的阿尔卑斯山几乎是不可翻越的，但拿破仑觉得自己比阿尔卑斯山更强大。

虽然在法国将军们的眼里，翻越阿尔卑斯山太困难了，但是他们那伟大领袖的目光却早已越过了阿尔卑斯山上的终年积雪，看到了山那边碧绿的平原。

乐观地面对困难，多一些快乐，少一些烦恼，你会惊奇地发现，这不仅会使你的工作充满乐趣，还会让你获得幸福。你会发现，自己成了一个更优秀、更完美的人。你用充满阳光的心灵轻松地去面对困难，就能保持自己心灵的和谐。而有的人却因为这些困难而痛苦，失去了心灵的和谐。

你怎样看待周围的事物完全取决于你自己的态度。每一个人的心中都有乐观向上的力量，它使你在黑暗中看到光明，在痛苦中看到快乐。每一个人都有一个水晶镜片，可以把昏暗的光线变成七色彩虹。夏洛特·吉尔曼在他的《一块绊脚石》中描述了一个登山的行者，突然发现一块巨大的石头摆在他的面前，挡住了他的去路。他悲观失望，祈求这块巨石赶快离开。但它一动不动。他愤怒了，大声咒骂，他跪下祈求它让路，它仍旧纹丝不动。行者无助地坐在这块石头前，突然间他鼓起了勇气，最终解决了困难。用他自己的话说："我摘下帽子，拿起我的手杖，卸下我沉重的负担，我径直向着那可恶的石头冲过去，不经意间，我就翻了过去，好像它根本不存在一样。如果我们下定决心，直面困难，而不是畏缩不前，那么，大部分的困难就根本不算什么困难。"

困境是一种历练

亨利的父亲过世了，他还有一个2岁大的妹妹，母亲为了这个家整日操劳，但是赚的钱难以让这个家的每个人都填饱肚子。看着母亲日渐憔悴的样子，亨利决定帮妈妈赚钱养家，因为他已经长大了，应该为这个家贡献一份自己的力量了。

一天，他帮助一位先生找到了丢失的笔记本，那位先生为了答谢他，给了他1美元。亨利用这1美元买了3把鞋刷和1盒鞋油，还自己动手做了个木头箱子。带着这些工具，他来到了街上，每当他看见路人的皮鞋上全是灰尘的时候，就对那位先生说："先生，我想您的鞋需要擦油了，让我来为您效劳吧？"他对所有的人都是那样有礼貌，语气是那么真诚，以至于每一个听他说话的人都愿意让这样一个懂礼貌的孩子为自己的鞋擦油。他们实在不愿意让一个可怜的孩子感到失望，面对这么懂事的孩子，怎么忍心拒绝他呢！就这样，第一天他赚了50美分，他用这些钱买了一些食品。他知道，从此以后每一个人都不再挨饿了，母亲也不用像以前那样操劳了，这是他能办到的。当母亲看到他背着擦鞋箱，带回来食品的时候，她流下了高兴的泪水，说："你真的长大了，亨利。我不能赚足够的钱让你们过得更好，但是我现在相信我们将来可以过得更好。"就这样，亨利白天工作，晚上去学校上课。他赚的钱不仅为自己交了学费，还足够维持母亲和小妹妹的生活了。

其实，生活中有许多人与亨利一样，但是他们却被环境的困难和阻碍击倒了。然而，有许多人，因为一生中没有同"阻碍"搏斗的机会，又没有充分的"困难"足以刺激起其内在的潜伏能力，于是默默无闻。阻碍不是我们的仇敌，而是恩人，它能锻炼起我们"战胜阻碍"的种种能力。森林中的大树，若不经历暴风猛雨，树干就不能长得结实。同样，人不遭遇种种阻碍，他的人格、本领是不会得到提高的，所以一切的磨难、困苦与悲哀，都是足以锻炼我们的。

　　一个大无畏的人，愈为环境所困，反而愈加奋勇。不战栗，不逡巡，胸膛直挺，意志坚定，敢于面对任何困难，轻视任何厄运，嘲笑任何阻碍。因为忧患、困苦，可以加强他的意志、力量与品格，而使他成为人上之人。

人这一辈子总有一个时期需要卧薪尝胆

看一个人是否成功，我们不能看他成功的时候或开心的时候怎么过，而要看其在不顺利的时候，在没有鲜花和掌声的落寞日子里怎么过。

有句话是这么说的："在前进的道路上，如果我们因为一时的困难就将梦想搁浅，那只能收获失败的种子，我们将永远不能品尝到成功这杯美酒芬芳的味道。"

20世纪90年代，史玉柱是中国商界的风云人物。他通过销售巨人汉卡迅速赚取超过亿元的资本，凭此赢得了巨人集团所在地珠海市第二届科技进步特殊贡献奖。那时的史玉柱事业达到了顶峰，自信心极度膨胀，似乎没有什么事做不成。也就是在获得诸多荣誉的那年，史玉柱决定做点儿"刺激"的事：要在珠海建一座巨人大厦，为城市争光。

大厦最开始是18层，但后来层数节节攀升，一直飙到72层。此时的史玉柱，明知大厦的预算超过10亿，手里的资金只有2亿，还是不停地加码。最终，巨人大厦的轰然倒塌让不可一世的史玉柱尝尽了苦头。他曾经在最后的关头四处奔走寻觅资金，但"所有的谈判都失败了"。

随之而来的是全国媒体的一哄而上，成千上万篇文章骂他，欠下的债也是个极其恐怖的数字。史玉柱最难熬的日子是1998年上半年，那时，他连一张飞机票也买不起。"有一天，为了到无锡去办事，我只能找副总借钱，他个人借了我一张飞机票的钱——1000元。"到了无锡后，他住的是30元一晚的招待所。女招待员认出了他，没有讽刺他，反而给了他一盆水果。那段日子，史玉柱一贫如洗。如果有人给那时的史玉柱拍摄一些照片，那上面的脸孔必定是极度张狂到失败后的落寞，焦急、忧虑是那时史玉柱最生动的写照。

经历了这次失败，史玉柱开始反思。他觉得性格中一些癫狂的成分是他失败的原因。他想找一个地方静静，于是就有了一年多的南京隐居生活。

在中山陵前面有一片树林，史玉柱经常带着一本书和一个面包到那里充电。那段时间，他读了许多书，在史玉柱看来，这些书都比较"悲壮"。那时，他每天10点左右起床，然后下楼开车往林子那边走，路上会买好面包和饮料。部下在外边做市场，他只用手机遥控。晚上天黑了就回去，在大排档随便吃一点儿，一天就这样过去了。

后来有人说，史玉柱之所以能"死而复生"，就是得益于那时候的"卧薪尝胆"。他是那种骨子里希望重新站起来的人。事业可以失败，精神却不能倒下。经过一段时间的修身养性，他逐渐找到了自己失败的症结：之前的事业过于顺利，所以忽视了许多潜在的隐患。不成熟，盲目自大，野心膨胀。这些，就是他性格中的不安定因素。

他决心从头再来，此时，史玉柱身体里"坚强"的秉性体现出来。他在那次珠峰以及多次省心之旅后踏上了负重的第二次创业。这次事业的起点是保健品脑白金。

因为之前的巨人大厦事件，全国上下已经没有几个人看好史玉柱。他再次的创业只是被更多的人看作赌徒的又一次疯狂。但脑白金一经推出，就迅速风靡全国，到2000年，月销售额达到1亿元，利润达到4500万。自此，巨人集团奇迹般的复活。虽然史玉柱还是遭到全国上下诸多非议，但不争的事实却是，史玉柱曾经的辉煌确实慢慢回来了。

赚到钱后，他没想着为自己谋多少私利，他做的第一件事就是还钱。这一举动，再次使其成为焦点。因为几乎没有人能够想到史玉柱有翻身的一天，更没想到这个曾经输得一贫如洗的人能够还钱。但他确实做到了。

认识史玉柱的人，总说这些年他变化太大。怎么能没有变化呢？一个经历了大起大落的人，内心总难免泛起些波澜。而对于史玉柱，改变最多的，大概是心态和性格。几番沉浮，很少有人再看到他像早些年那样狂热、亢奋、浮躁，更多的是沉稳、坚韧和执着。即使在十分危急的关头，他也是一副胸有成竹、不慌不忙的样子。

回想自己早年的失败，史玉柱曾特意指出，巨人大厦"死"掉的那一刻，他的内心极其平静。而现在，身价百亿的他也同样把平静作为自己的常态。只是，这已是两种不同的境界。前者的平静大概象征一潭死水，后者则是波涛过后的风平浪静。

起起伏伏，沉沉落落，有些人就是在这样的过程中变得强大和不可战胜。良好的性情和心态是事业成功的关键，少了它们，事业的发展就可能徒增许多波折。人生难免有低谷，在这样的时刻，我们需要的就是忍受寂寞，卧薪尝胆。就像当年越王勾践那样，在三年的时间里，作为失败者他饱受屈辱。被放回越国之后，他选择了在寂寞中品尝苦胆，奋发图强，最终得以雪耻。

不要羡慕别人的辉煌，也不要眼红别人的成功，只要你能忍受寂寞，满怀信心地去开创，默默付出，相信生活一定会给你丰厚的回报。

祸福相依，悲痛之中暗藏福分

托尔斯泰在他的散文名篇《我的忏悔》中讲了这样一个故事：

一个男人被一只老虎追赶而掉下悬崖，庆幸的是在跌落过程中他抓住了一棵生长在悬崖边的小灌木。此时，他发现，头顶那只老虎正虎视眈眈，低头一看，悬崖底下还有一只老虎；更糟的是，两只老鼠正在啃咬悬着他生命的小灌木的根须。绝望中，他突然发现附近生长着一簇野草莓，伸手可及。于是，这人拽下草莓，塞进嘴里，自语道："多甜啊！"生命的过程中，当痛苦、绝望、不幸和危难向你逼近的时候，你是否还能享受一下野草莓的滋味？

"尘世永远是苦海，天堂才有永恒的快乐"，是禁欲主义编撰的用以蛊惑人心的谎言，而苦中求乐才是快乐的真谛。

人生是一张单程车票，一去不复返。陷在痛苦泥潭里不能自拔，只会与快乐无缘。告别痛苦的手得由你自己来挥动，享受今天盛开的玫瑰的捷径只有一条：坚决与过去分手。

"祸福相依"最能说明痛苦与快乐的辩证关系，贝多芬"用泪水播种欢乐"的人生体验生动形象地道出了痛苦的正面作用，传奇人物艾柯卡的经历更传神地阐明了快乐与痛苦的内在联系。艾柯卡靠自己的奋斗终于当上了福特公司的总经理。1978年7月13日，有点儿得意忘形的艾柯卡被大老板亨利·福特开除了。在福特工作已32年，当了8年总经理，一帆风顺的艾柯卡突然间失业了。艾柯卡痛不欲生，他开始酗酒，对自己失去了信心。

就在这时,艾柯卡接受了一个新挑战——应聘到濒临破产的克莱斯勒汽车公司出任总经理。凭着他的智慧、胆识和魅力,艾柯卡大刀阔斧地对克莱斯勒进行了整顿、改革,并向政府求援。他舌战国会议员,取得了巨额贷款,重振企业雄风。

在艾柯卡的领导下,克莱斯勒公司在最黑暗的日子里推出了K型车的计划,此计划的成功令克莱斯勒起死回生,成为仅次于通用汽车公司、福特汽车公司的第三大汽车公司。1983年7月13日,艾柯卡把生平仅有的面额高达813亿美元的支票交到银行代表手里,至此,克莱斯勒还清了所有债务,而恰恰是5年前的这一天,亨利·福特开除了他。事后,艾柯卡深有感触地说:奋力向前,哪怕时运不济;永不绝望,哪怕天崩地裂。

"痛苦像一把犁,它一面犁破了你的心,一面掘开了生命的新起源。"古人讲:"不知生,焉知死?"不知苦痛,怎能体会到幸福和快乐?痛苦就像一枚青青的橄榄,品尝后才知其甘甜,品尝需要勇气!其实,要让自己幸福非常简单,那就是少一分欲望,多一分自信;在身处绝境时,懂得苦中求乐、咬牙坚持才是人生的真谛。

人生没有绝境，只有绝望

企业家卡尔森原是一个身无分文的穷光蛋，但是他从没对自己有一天能成为富翁产生过怀疑。即使在十分被动和不利的情况下，他依然能够顽强进取，积极寻找成功的机会。他这种积极的心态帮助了他，面对现状，他没有沮丧和气馁，而是积极向上，力求改变现状，这种心态终于使他创富成功。

有一次，卡尔森发现了一个商机。于是他借钱办了一个制造玩具沙漏的厂。沙漏是一种古董玩具，它在时钟未发明前用来测每日的时辰；时钟问世后，沙漏已完成它的历史使命，而卡尔森却把它作为一种古董来生产销售。本来，沙漏作为玩具，趣味性不多，孩子们自然不大喜欢它，因此销量很小。但卡尔森一时找不到其他比较适合的工作，只能继续干他的老本行。沙漏的需求量越来越少，卡尔森最后只得停产。但他并不气馁，他完全相信自己能够克服困难，于是他决定先好好休息，轻松一下，他便每天都找些娱乐项目，看看棒球赛，读读书，听听音乐，或者带着妻子、孩子外出旅游，但他的头脑一刻也没有停止思考。

机会终于来了，一天，卡尔森翻看一本讲赛马的书，书上说："马匹在现代社会里失去了它运输的功能，但是又以高娱乐价值的面目出现。"在这不引人注目的两行字里，卡尔森好像听到了上帝的声音，高兴地跳了起来。他想："赛马用的马匹比运货的马匹值钱。是啊！我应该找出沙漏的新用途！"就这样，从书中偶得的灵感，使卡尔森精神重新振奋起来，把心思又全都放到沙漏上。经过几天苦苦的思索，一个构思浮现在他的脑海：做个限时3分钟的沙漏，在3分钟内，沙漏里的沙子就会完全落到下面来，把它装在电话机旁，这样打长途电话时就不会超过3分钟，电话费就可以有效地控制了。

想好了以后，他就开始动手制作。这个东西设计上非常简单，把沙漏的两端嵌上一个精致的小木板，再接上一条铜链，然后用螺丝钉钉在电话机旁就行了。不打电话时还可以作装饰品，看它点点滴滴落下来，虽是微不足道的小玩意儿，却能调剂一下现代人紧张的生活。担心电话费支出的人很多，卡尔森的新沙漏可以有效地控制通话时间，售价又非常便宜。因此一上市，销量就很不错，平均每个月能售出3万个。这项创新使原本没有前途的沙漏转瞬间成为对生活有益的用品，销量成倍地增加，面临倒闭的小厂很快变成一个大企业。卡尔森也从一个即将破产的小业主摇身一变，成了腰缠万贯的富豪。卡尔森成功了，轻轻松松，没费多大力气。

如果他不是一个心态积极的人，如果他在暂时的困难面前一蹶不振，那么他就不可能东山再起，成为富豪。困境的存在与否，不是你能左右的，然而，对困境的回应方式与态度却完全操之在你。你可能因内心痛苦而恶言恶行，也可以将痛苦转化为诗篇，而是此是彼，则有待于你来抉择。艰苦岁月中，你也许没有选择的余地，但是，你却可以决定自己怎样去面对这种岁月。积极面对问题也许要有无比的勇气。"天无绝人之路"的想法，就是所谓的"可能性思考"。它代表一种积极进取的心态。但说它积极并不等于说它是万灵丹，能解决人生的所有问题。不过，你若相信"天无绝人之路"，以积极的态度面对困境，那么，在"天助自助"的情况下，你大部分的问题是可以解决的。

人生没有绝对的苦乐

《周易》的乾卦中有一则关于神龙的故事：

一位哲人站在深渊旁，看着深渊里潜藏的神龙。

神龙问哲人："啊！尊敬的老先生，我有呼风唤雨的神通，通天彻地的变化，却不得不深藏在深渊之中。请问我何时才能昂首挺胸，飞腾在蓝天之上呢？"

哲人回答："现在冰天雪地，阴气正盛，你不要轻举妄动，否则会招来灾祸。"

过了几天，春雷滚动了，哲人呼唤道："神龙啊，快快腾飞吧！现在正是你一展身手的时候！"于是，波翻浪涌，神龙跃出深渊，盘旋了一圈，驾着白云向青天飞去。

在空中，它播云降雨，地上的人们纷纷仰望。神龙得意了，向更高的天空上升，哲人赶紧呼喊道："神龙啊，停下来吧！上到极点，你还要去哪里呢？"可是神龙不听，继续升高，地上的人们看不到它了，云气也托不住它了，它的身子迅速坠落，这时它开始后悔，可惜为时已晚。

这则故事告诉我们：潜藏在深渊的时候，不能焦急丧气，要心怀乐观；一飞冲天时，更不能骄傲自满，盲目乐观，要居安思危。

好事不一定全好，坏事不一定全坏，"人生没有绝对的苦乐"，只有每个人在苦乐面前表现出的不同态度，而这种态度在很大程度上取决于心量的大小。

有位信徒问无德禅师说："同样一颗心，为什么心量有大小的分别呢？"

禅师并未直接回答,他对信徒说:"请你将眼睛闭起来,默造一座城垣。"

于是,信徒闭目冥思,心中构想了一座城垣。

信徒说:"城垣造完了。"

禅师说:"请你再闭眼默造一根毫毛。"

信徒又照样在心中造了一根毫毛。

信徒说:"毫毛造完了。"

禅师问:"当你造城垣时,是否只用你一个人的心去造?还是借用别人的心共同去造呢?"

信徒回答道:"只用我一个人的心去造。"

禅师问道:"当你造毫毛时,是否用你全部的心去造?还是只用了一部分的心去造呢?"

信徒回答道:"用全部的心去造。"

接着,禅师就对信徒开释:"你造一座大的城垣,只用一个心;造一根小的毫毛,还是用一个心,可见你的心能大能小啊!"人心能大能小,痛苦和快乐也源于人心的不同。

生活中,每个人都会遇到一些让人伤心或烦恼的事情,作为生活主角的我们,应该学会适应自己所处的环境,不死钻牛角尖,乐观地面对生活。从心理学的角度来看,这是一种积极的"心理自我调整",只有善于调整自我的人,才能健康、快乐地生活。

第五章

别让坏脾气害了你

世上难以突破的关口是"心狱"

在成长的过程中,很多人因为遭受来自社会、家庭的议论、否定、批评和打击,奋发向上的热情便慢慢冷却,逐渐丧失了信心和勇气,对失败惶恐不安,变得懦弱、狭隘、自卑、孤僻、害怕承担责任、不思进取、不敢拼搏。事实上,他们不是输给了外界压力,而是输给了自己。很多时候,阻挡我们前进的不是别人,而是我们自己。因为怕跌倒,所以走得胆战心惊、亦步亦趋;因为怕受伤害,所以把自己裹得严严实实。殊不知,我们在封闭自己的同时,也封闭了自己的人生。

世界上最难攻破的不是那些坚固的城堡和城池,而是自己为自己编织的"心狱"。因此,我们要想走上成功的道路,摆脱不顺的现状,必须勇敢地冲出"心狱"。

一个人在他25岁时因为被人陷害,在牢房里待了10年。后来沉冤昭雪,他终于走出了监狱。出狱后,他开始了几年如一日的反复控诉、咒骂:"我真不幸,在最年轻有为的时候竟遭受冤屈,在监狱度过本应最美好的一段时光。那样的监狱简直不是人居住的地方,狭窄得连转身都困难,唯一的细小窗口里几乎看不到阳光;冬天寒冷难忍,夏天蚊虫叮咬……真不明白,上帝为什么不惩罚那个陷害我的家伙,即使将他千刀万剐,也难解我心头之恨啊!"

75岁那年,在贫病交加中,他终于卧床不起。弥留之际,牧师来到他的床边:"可怜的孩子,去天堂之前,忏悔你在人世间的一切罪恶吧……"

牧师的话音刚落，病床上的他声嘶力竭地叫喊起来："我没有什么需要忏悔，我需要的是诅咒，诅咒那些造成我不幸命运的人……"

牧师问："您因受冤屈在监狱待了多少年？离开监狱后又生活了多少年？"他恶狠狠地将数字告诉了牧师。

牧师长叹了一口气："可怜的人，你真是世上最不幸的人，对你的不幸，我真的感到万分同情和悲痛！他人囚禁了你区区10年，而当你走出监牢本应获取永久自由的时候，你却用心底里的仇恨、抱怨、诅咒囚禁了自己整整40年！"

现实生活中，有不少人和故事中的人一样，给自己编织了"心狱"。别人做得不对，就一味地诅咒、仇恨；自己做错了一丁点儿事情，就念念不忘，责备自己的过失；有些人总是唠叨自己的坎坷往事、身体疾病，或抱怨自己的不平待遇和生活苦难；有些人还喜欢用自己不懂的事情塞满自己的脑袋，把一些不相干的事与自己联系在一起，造成了心理障碍。殊不知，那些过去的往事、不平的经历，甚或想不明白的事情，一味地责怪和抱怨是于事无补的。如果总是对想不通、想不开的事情患得患失，就很容易使自己失去判断能力，最后被囚禁的就是自己的整个人生。

人的心理牢笼千奇百怪、五花八门，但它们都有一个共同的特点，那就是这些所谓的"心理牢笼"都是人自己造成的。时间一长，个人就会不知不觉地把自己囚禁在"心狱"之中，就像故事中的那个可怜人那样，至死都被囚禁在无尽的怨恨当中，哪还有时间去追求丰富多彩的人生呢？

一个渴望有所成就的人，必须走出自己的"心狱"。正如一位哲人所说："世界上没有跨越不了的事，只有无法逾越的心。"心中有"牢笼"，便限制了人潜质的发挥。所以，要想开放自己的人生，取得骄人的成绩，关键在于冲出"心狱"。

那些给自己编织"牢笼"的人，他们日复一日在迷宫般的、无法预测又乏人指引的茫茫人生中损坏了"罗盘"，这坏掉的罗盘可能是扭曲的是非观，或蒙蔽的价值观，或自私自利的意图，或是未设定的目标，或是无法分辨轻重缓急，简直不胜枚举。卓越人士会保护好人生罗盘，维持正确的航线，不被沿路上意想不到的障碍困住，坚定地向前行进，最终顺利地抵达终点。

有人这样说："自己把自己说服了，是一种理智的胜利；自己被自己感动了，是一种心灵的升华；自己把自己征服了，是一种人生的成熟。大凡说服了、感动了、征服了自己的人可以凭借潜能的力量征服一切挫折、痛苦和不幸。"其实，许多人的悲哀不在于他们运气不好，而在于他们总爱给自己设定许多条条框框，这种条框限制了他们想象的空间和奋进的勇气，模糊了他们前行的航向和人生的追求。他们看似一天到晚忙个不停，实际上已经套上了可怕的枷锁，一生碌碌无为。可见，敢于打破自我设定的障碍，冲出"心狱"，多一点儿超越，多一点儿豁达，生活就会不一样。

多疑的人首先猜测的是自己

有一个寓言,说的是"疑人偷斧"的故事:

一个人丢失了斧头,怀疑是邻居的儿子偷的。从这个假想目标出发,他观察邻居儿子的言谈举止、神色仪态,无一不是偷斧的样子,思索的结果进一步巩固和强化了原先的假想目标,他断定贼非邻子莫属了。可是,不久他在山谷里找到了斧头,再看那个邻居的儿子,竟然一点儿也不像偷斧者。

这个人从一开始就自己给自己先下了一个结论,然后自己走进了猜疑的死胡同。由此看来,猜疑一般总是从某一假想目标开始,最后又回到假想目标,就像一个圆圈一样,越画越粗、越画越圆。最典型的恐怕就是上面这个例子了。现实生活中猜疑心理的产生和发展,同这种作茧自缚的封闭思路主宰了正常思维密切相关。

猜疑是建立在猜测基础之上的,这种猜测往往缺乏事实根据,只是根据自己的主观臆断毫无逻辑地去推测、怀疑别人的言行。猜疑的人往往对别人的一言一行很敏感,喜欢分析深藏的动机和目的,看到别人悄悄议论就疑心在说自己的坏话,见别人学习过于用功就疑心他有不良企图。好猜疑的人最终会陷入作茧自缚、自寻烦恼的困境中,结果导致自己的人际关系紧张,失去他人的信任,挫伤他人和自己的感情,对心理健康产生极大的危害。为此英国思想家培根曾说过:"猜疑之心如蝙蝠,它总是在黄昏中起飞。这种心情是迷惑人的,又是乱人心智的。它能使你陷入迷惘,混淆敌友,从而破坏你的事业。"因此，消除猜疑之心是保持心理健康的方法之一。

怎样矫正自己的猜疑心理呢？

1. 自信最重要

相信自己，相信他人。在自己的心理天平上增加"自信"和"他信"这两块砝码。首先是"自信"。"自疑不信人，自信不疑人。"猜疑心理大多源于缺少自信。其次是"他信"，即相信别人，不要对别人报以偏见或者是成见。当你怀疑别人的时候，一定要想想如果别人也这样怀疑你，你会是什么样的感受，这样去将心比心，换位思考就能真正去信任别人了。

注意调查研究。俗话说："耳听为虚，眼见为实。"不能听到别人说什么就产生怀疑，不要听信小人的谗言，不能轻信他人的挑拨，要以眼见的事实为据。况且，有时眼见的未必是实。因此，一定要注重调查研究，一切结论应产生于调查的结果。否则就会被成见和偏见蒙住眼睛，钻进主观臆想的死胡同出不来。

2. 坚持"责己严，待人宽"的原则

猜疑心重的人，大多对自己的要求不严、不高，对别人的要求却很苛刻，总是要求别人做到什么程度，没有想一想自己会不会做到。因此克服疑心必须从严格要求自己做起，对别人过高的要求，别人达不到，就认为人家有问题，这必然会妨碍你对别人的信任。因此，坚持宽以待人、严于律己的原则，这也是克服猜疑心的一条重要途径。

3. 采取积极的暗示，为自己准备一面镜子

平时，不要总想着自己，不要认为别人都盯着自己。要对自己说：并没有人特别注意我，就像我不议论别人一样，别人也不会轻易议论我。只要自己行得正、站得直，又何必怕别人议论呢？有时不妨采用自我安慰的"精神胜利法"：别人说了我又能如何呢？只要我自己认为，或者感觉绝大多数人认为我是对的，我的行为是对的就可以了。这样在心理的疑心自然就会越来越小了。

4. 抛开偏见

有一位哲人说过："偏见可以定义为缺乏正当充足的理由，而把别人想得很坏。"一个人对他人的偏见越多，就越容易产生猜疑心理。我们应抛开偏见，不要过于相信自己的印象，不要以自己头脑里固有的标准去衡量他人、推断他人。要善于用自己的眼睛去看，用自己的耳朵去听，用自己的头脑去思考。必要时应调换位置，站在别人的立场上多想想。这样，我们就能舍弃"小人"而做君子。

5. 及时开诚布公

猜疑往往是彼此缺乏交流，人为设置心理障碍的结果，也可能是由于误会或有人搬弄是非造成的，因此一旦出现猜疑，如果自己一味地去想，不如开诚布公地和对方谈一谈，这样才能消除疑云，才能彻底解决问题。

仇恨的阴影下不会有多彩的天空

我们常常在自己的脑子里预设一些规定，以为别人应该有什么样的行为，如果对方违反规定就会引起我们的怨恨。其实，因为别人对"我们"的规定置之不理就感到怨恨，是一件十分可笑的事。大多数人都一直以为，只要我们不原谅对方，就可以让对方得到一些教训，也就是说，只要我不原谅你，你就没有好日子过。而实际上，不原谅别人，对我们自己也不好，生一肚子窝囊气不说，甚至连觉都睡不好。这样看来，报复不仅让我们不能实现对别人的打击，反倒对自己的内心是一种摧残。有一位好莱坞的女演员，失恋后，怨恨和报复心使她的面容变得僵硬而多皱，她去找一位最有名的美容师为她美容。这位美容师深知她的心理状态，中肯地告诉她："你如果不消除心中的怨和恨，对他人多一点儿包容，我敢说全世界任何美容师也无法美化你的容貌。"对待自己的最好方式唯有宽容，宽容能抚慰你暴躁的心绪，弥补不幸对你的伤害，让你不再纠缠于心灵毒蛇的咬噬，从而获得自由。

生活中，我们难免与别人产生误会、摩擦。如有的伤害了自己，有的让自己下不了台，有的当众给了自己难堪，有的对自己有成见，等等。如果不注意，仇恨在心底悄悄滋长，你的心灵就会背上报复的重负而无法获得自由。

乔治·赫伯特说："不能宽容的人损坏了他自己必须过的桥。"这句话的智慧在于，宽容使给予者和接受者都受益。当真正的宽容产生时，没有疮疤留下，没有伤害，没有复仇的念头，只有愈合。

宽容是一种医治的力量，不仅能医治被宽容者的缺陷，还可以挖掘出宽容者身上的伟大之处，正如美国作家哈伯德所说："宽容和被宽容的难以言喻的快乐，是连神明都会为之羡慕的乐事。"

1944年冬天，苏军已经把德军赶出了国门，上百万的德国兵被俘虏。一天，一队德国战俘从莫斯科大街上穿过，所有的马路上都挤满了人。他们每一个人，都和德国人有着一笔血债。

妇女们怀着满腔仇恨，当俘虏出现时，她们把手攥成了拳头。士兵和警察们竭尽全力阻挡着她们，生怕她们控制不住自己。

这时，令人意想不到的事情发生了：一位上了年纪的犹太妇女，从怀里掏出一个用印花布方巾包裹的东西。里面是一块黑面包，她不好意思地把它塞到一个疲惫不堪的、几乎站不住的俘虏的衣袋里。

她转过身对那些充满仇恨的同胞们说："当这些人手持武器出现在战场上时，他们是敌人。可当他们解除了武装出现在街道上时，他们跟我们是一样的人。"

于是，整个气氛改变了。妇女们从四面八方一齐拥向俘虏，把面包、香烟等各种东西塞给这些战俘。

仇恨是带有毁灭性的情感，只会激化矛盾，酿成大祸。宽容的心却能轻易将恨意化解，让紧张的气氛化成脉脉温情。能将宽容之心给予敌人，已经可以称得上圣洁了，即便只是一个贫苦的犹太老妇人，也完全担得起"伟大"两个字。

人生总有存在的意义，如果只为一个仇恨的目的而生存，那么仇恨会毁掉你的心智、迷惑你的眼睛、吞噬你的心灵。报复是一把双刃剑，它不但会伤害到别人，还会使你自己落入恨的陷阱，恨会使你看不到人间的关爱与温暖，即使在夏日也只能感受到严冬般的寒冷。

既然我们都举目共望同样的星空，既然我们都是同一星球的旅伴，既然我们都生活在同一片蓝天下，那我们为什么还总是彼此为敌呢？请不要忘记世间唯有两个字可使你和他人的生活多姿多彩，那就是宽容。

疏导压抑，给当下解绑

压抑心理是一种较为普遍的病态社会心理现象。它存在于社会各年龄阶段的人群中，它与个体的挫折、失意有关，继而产生自卑、沮丧、自我封闭、孤僻等病态心理行为。挫折与压抑感之间互为因果，形成一个恶性循环。压抑的心理就好像一条无形的绳索，将人的精神紧紧抓牢，让人每时每刻都觉得痛苦、压抑、无法释怀。那么怎样才能疏导压抑，为自己的当下解绑呢？具体方法如下：

1. 运动法

压抑情绪的发泄的确是来势汹汹，好像不可阻挡。实际上，在一定控制范围内适当宣泄，可以改善自己情绪的健康状态。比如，当你感到压抑时，不妨赶快跑到其他地方宣泄一下，干脆出去跑一圈，或做一些能消耗体力又能转移自己思想的体育运动，踢足球和打篮球都是不错的选择。特别是在活动中与人的合作和接触，又让我们有了新的交流。当你累得满头大汗气喘吁吁时，你会感到精疲力竭，相信这时你的压抑情绪已经基本被抚平了。

2. 眼泪法

对于压抑情绪的发泄，还有一种方法，就是在我们感到十分压抑时不妨大哭一场。哭，也是释放能量、调整机体平衡的一种方式。在亲人面前的痛哭，是一次纯真的感情爆发。如同夏天的暴风雨，越是倾盆大雨越是晴得快。许多人在痛哭一场之后，觉得畅快淋漓，压抑的心情也随着泪水的流落而减少许多。为什么会这样呢？人们经过研究，发现奥秘在于眼泪。美国生物学家曾挑选了一批志愿者，组织他们观看一些令人悲痛欲绝的电影或戏剧，并要求他们在痛哭时把事先发放的试管放在眼睛下面，将眼泪收集起来。他们发现，一个正常的人在哭泣的时候，流出的眼泪有100～200微升，即使一场号啕大哭，眼泪也只有1～2毫升。在哭泣以后，对心动过速、血压偏高者均有不同程度的减轻。经过化学分析得知，原来在这些流出的眼泪中，含有一些生物化学物质，正是这些生化物质能引起血压升高、消化不良或心率加剧。把这些物质排出体外，对身体当然是有利的。

3. 倾诉法

倾诉，是缓解压抑情绪的重要方法。当一个人被心理负担压得透不过气来的时候，如果有人真诚而耐心地来听他的倾诉，他就会有一种如释重负的感觉。所谓"一吐为快"正是这个道理。对此，现代心理学中有"心理呕吐"的说法。美国心理学家罗杰斯认为，倾听不仅能使听者真正理解一个人，对于倾诉者来说，也有奇特的效果，心理上会出现一系列的变化。他会感觉到他终于被人理解了，内心有一种欣慰之感进而使压抑感得到缓解，心理上似乎感到解脱，还会产生某种感激之情，愿意谈出更多心里话，这便是转变的开始。一个人如能从混乱的思绪中走出来，换一个角度去思考问题，重新审视自己的内心世界，那些原来以为无法解决的问题，就会迎刃而解。

4. 宣泄法

如果以上三种方法对你均没有效果，那么你就必须寻求心理医生的帮助了。心理医生会引导人们把自己心中的积郁倾吐出来，这称为宣泄疗法。宣泄疗法在现实表现中有一定的功效。当人们把自己的压抑情绪体验宣泄出来时，不仅能减轻宣泄者心理上的压力，也能减轻或消除他们的紧张情绪，容易使发泄者恢复平静的心情。在生活中，我们经常可以看到有些心胸开阔、性情爽朗的人，他们心直口快把自己的压抑情绪诉说出来，便不再愁眉苦脸了。所以，这种人的心理矛盾往往能获得及时解决。可是我们也常看到一些心胸狭窄的人，爱生气，总是闷闷不乐，心理压抑长期得不到解决，容易发生心理疾病。

放下焦虑，才能得到安宁

焦虑已成为现代人的通病。随着社会节奏的加快，人们越来越担心未来的工作、生活，他们整天在焦虑中度过，从而无暇享受眼前的美好生活。

人们为什么会有如此多的焦虑，从自然界、社会、人的心理和认识活动以及人体的特征来分析，这些因素可以概括为：

1. 在工作、生活等方面追求完美

生活稍不如意，就十分遗憾，心烦意乱，长吁短叹，老担心出问题。须知，世间只有相对完美，没有绝对完美；世界及个体就是在不断纠正不足，追求真善美的过程中前进的。应该"知足常乐""随遇而安"，绝不做追名逐利的奴隶，为自己设置太多精神枷锁，让自己太累，把生命之弦绷得太紧。

2. 没有迎接人生苦难的思想准备，总希望一帆风顺

我们来到世间，就会面临各种各样的磨难。没有迎接苦难思想准备的人，一遇到困难，就会惊慌失措，怨天尤人，大有活不下去之感。其实，"吃得苦中苦，方为人上人"，要学会解决矛盾并善于适应困境。

3. 意外的天灾人祸

破产或死亡等会引起紧张、焦虑、失落感或绝望，甚至认为一切都完了，等等。假如碰到意外的不幸时，建议你正视现实、不低头、不信邪、昂起头、挣扎着前进，灾难是会有尽头的，忍耐下

去，一定会走出困境的。

4. 神经质人格

这类人的心理素质差，对任何刺激均敏感，一触即发，会对刺激做出不相应的过强反应。他们承受挫折的能力低，自我防御本能过强，甚至无病呻吟、杞人忧天。他们眼中的世界，无处不是陷阱，无处不充满危险。如此心态，怎能不焦虑呢？

综上所述，焦虑产生的原因往往来自人的心理。所以，只有在心理上释放，才能免除焦虑的情绪，得到生活的安宁。

通常情况下，我们可以这样排除焦虑：

（1）可以向自己信任的亲朋好友倾诉内心的痛苦，也可以用写日记、写信的方式宣泄，或选择适当的场合痛哭或大声喊出来。

（2）焦虑是人在应激状态下的一种正常反应，要以平常心对待，顺应自然，接纳自己、接纳现实，在烦恼和痛苦中寻求战胜自我的理念。

（3）无论是学习还是工作，没有目标就会茫然不知所措。要根据人生不同发展阶段确立目标，而且要适度。

（4）回忆或讲述自己最成功的事，从而引起愉快情绪，忘掉不愉快的事，消除紧张、压抑的情绪。

（5）积极参加文体活动。研究表明，音乐能影响人的情绪、行为和生理功能；不同节奏的音乐能使人放松，具有镇静、镇痛作用。

（6）多参加集体活动。在集体活动中发挥自己的优势，增强人际交往的能力。和谐的人际关系会使人获得更多的心理支持，从而缓解紧张、焦虑的情绪。

使用上述的方法，也许并不能完全见效，去除忧虑，你必须从心灵上放松自己。只有这样，你才能缓解生活的压力，从内心深处释放自己。

别被恐惧的魔鬼"附身"

恐惧能摧残一个人的意志和生命,它能影响人的胃、伤害人的修养、减少人的生理与精神的活力,进而破坏人的身体健康。它能打破人的希望、消退人的志气,而使人的心力衰弱至不能创造或不能从事任何事业。在一个人的生活中,几乎没有比恐惧或者沮丧的念头更加折磨人的了。

卫斯里为了领略山间的野趣,一个人来到一片陌生的山林,左转右转,迷失了方向。正当他一筹莫展的时候,迎面走来了一个挑山货的美丽少女。

少女嫣然一笑,问道:"先生是从景点那边迷失的吧?请跟我来吧,我带你抄小路往山下赶,那里有旅游公司的汽车在等着你。"

卫斯里跟着少女穿越丛林,阳光在林间映出千万道漂亮的光柱,晶莹的水汽在光柱里飘飘忽忽。正当他陶醉于这美妙的景致时,少女开口说话了:"先生,前面就是我们这儿的鬼谷,是这片山林中最危险的路段,一不小心就会掉进万丈深渊。我们这儿的规矩是路过此地,一定要挑点儿或者扛点儿什么东西。"

卫斯里惊问:"这么危险的地方,再负重前行,那不是更危险吗?"

少女笑了,解释道:"只有你意识到危险了,才会更加集中精力,那样反而会更安全。这儿发生过好几起坠谷事件,都是迷路的游客在毫无压力的情况下一不小心摔下去的。我们每天都挑着东西来来去去,却从来没人出事。"

卫斯里冒出一身冷汗,对少女的解释并不相信。他让少女先走,自己去寻找别的路，企图绕过鬼谷。

少女无奈，只好一个人走了。卫斯里在山间来回绕了两圈，也没有找到下山的路。

眼看天色将晚，卫斯里还在犹豫不决。夜里的山间极不安全，在山里过夜，他感到恐惧；过鬼谷下山，他也恐惧；况且，此时只有他一个人。

后来，山间又走来一个挑山货的少女。极度恐惧的卫斯里拦住少女，让她帮自己拿主意。少女沉默着将两根沉沉的木条递到卫斯里的手上。卫斯里胆战心惊地跟在少女身后，小心翼翼地走过了鬼谷。

过了一段时间，卫斯里故意挑着东西又走了一次鬼谷。这时，他才发现鬼谷没有想象中那么可怕，最可怕的是自己心中的"恐惧"。

恐惧是人生命情感中难解的症结之一。面对自然界和人类社会，生命的进程从来都不是一帆风顺的，总会遭到各种各样、意想不到的挫折、失败和痛苦。

现实生活中每个人都可能经历某种困难或危险的处境，从而体验不同程度的焦虑。

恐惧作为一种生命情感的痛苦体验，是一种心理折磨。人们往往并不为已经到来的，或正在经历的事而惧怕，而是对结果的预感产生恐慌，人们怕无助、排斥、孤独、伤害，以及死亡突然降临；同时人们也怕失职、怕失恋、怕失亲、怕声誉的瞬息失落。

马克·富莱顿说："人的内心隐藏任何一点儿恐惧，都会使他受到魔鬼的利用。"当人们的心中充满了恐惧的时候，就会变得不自信、盲从，看不清前面的路，也就失去了自我的评判标准。

因为恐惧，人们会失去很多做大事的机缘，停止了探索的脚步。所以，我们一定要忘记心中的恐惧，大胆地前行。只有这样，我们不会因为胆怯而错过太多的机遇。

烦躁成不了大事，持重守静才是根本

稳重是轻率的根基，沉静是烦躁的主宰，非淡泊无以明志，非宁静无以致远，持重守静乃是抑制轻率躁动的根本。故而简默沉静者，大用有余；轻薄浮躁者，小用不足。

烦躁就是种种杂念惑乱了我们的心，蒙蔽了我们对事物整体的理智见识，从而忽视或排斥了理性而任由感情发泄。言轻则招扰，行轻则招辜，貌轻则招辱，好轻则招淫，轻忽烦躁乃为人之大忌。烦躁的对立面是认真、稳定、踏实、深入。无论是治学、为人，还是做事、管理，如果你能远离浮躁，梦想就会成为现实。

在华为公司，有这样一个不躁动的优秀员工小刘。小刘刚进华为的时候，公司正提倡"博士下乡，下到生产一线去实习、去锻炼"。实习结束后，领导安排他从事电磁元件的工作。堂堂的电力电子专业博士理应干一些大项目，不想却坐了冷板凳，搞这种不起眼的小儿科，小刘实在有些想不通。想法归想法，工作还要进行。

就在小刘接手电磁元件的工作之后不久，公司电源产品不稳定的现象出现了，结果造成许多系统瘫痪，给客户和公司造成了巨大损失，受此影响公司丢失了 5000 万以上的订单。在这种严峻的形势下，研发部领导把解决该电磁元件问题故障的重任，交给了刚进公司不到三个月的小刘。在工程部领导和同事的支持与帮助下，小刘经过多次反复实验，逐渐清晰了设计思路。又经过 60 天的日夜奋战，小刘硬是把电磁元件这块硬骨头啃下来了，使该电磁元件的市场故障率从 18% 降为零，而且每年节约成本 110 万元。现在，公司所有的电源系统都采用这种电磁元件，时过近两年，再未出现任何故障。

这之后，小刘又在基层实践中主动、自觉地优化设计和改进了100A的主变压器，使每个变压器的成本由原来750元降为350元，且消除了独家供应商，减小了体积和重量，每年为公司节约成本250万元，并对公司的产品战略决策提供了依据。

小小的电磁元件这件事对小刘的触动特别大，他不无感慨地说："貌似渺小的电磁元件，大家没有去重视，结果我这样起初'气吞山河'似的'英雄'在其面前也屡次受挫、饱受煎熬，坐了两个月冷板凳之后，才将这件小事搞透。现在看起来，之所以出现故障，不就是因为绕线太细、匝数太多了吗？把绕线加粗、匝数减少不就行了？而我们往往一开始就只想干大事，而看不起小事，结果是小事不愿干，大事也干不好，最后只能是大家在这些小事面前束手无策、慌了手脚。当年苏联的载人航天飞机在太空爆炸，不就是因为将一行程序里的一个小数点错写成逗号而造成的吗？！电磁元件虽小，里面却有大学问。更为重要的是它是我们电源产品的核心部件，其作用举足轻重，要潜下心、冷静下来，否则不能将貌似小小的电磁元件弄透、搞明白。

"做大事，必先从小事做起，先坐冷板凳，否则，在我们成长与发展的道路上就要做夹生饭。现在看来，当初领导让我做小事、坐冷板凳是对的，而自己又能够坚持下来也是对的。有专家说：'我们有许多研究学术的、搞创作的，吃亏在耐不住寂寞，内心躁动，总是怕别人忘记了他。由于这些毛病，就不能深入地做学问，不能勤学苦练。'这段话推而广之，适合于各行各业和各类人员，凡想做点儿事情的人，都应该先学会耐得住寂寞，控制自己躁动烦恼的心，先学会坐冷板凳，先学会做小事，然后才能做大事，才能取得更大的业绩和成效。"

看完小刘的故事,再回过头来看老子"轻则失本,躁则失君"这句话,我们会更加明确地知道,老子是想给我们这样的忠告:不管你的能力有多强,无论是生活还是工作,都必须从一点一滴做起。想要成功,唯一的方法就是把现在的工作做好,在普通平凡的工作中创造奇迹。

第六章

一生气你就输了

操纵你的是隐蔽在内部的情绪

如果有人冒犯你，请先不要愤怒，愤怒是不能解决任何问题的，只会让自己过于激动，没有办法运用理性正确地看清问题，被愤怒蒙蔽了双眼、蒙蔽了心灵，从而不能正确地看清事物的本质、判断事物的好坏，这是毫无益处的。其实真正打扰我们的不是别人的行为，别人的行为不会直接作用于我们身上，真正打扰我们的是我们自己的意见，只有我们自己的意见才会对我们的行动产生影响。所以，先放弃你对一个行为的判断吧，尝试一下下面介绍的方法，也许可以让你回归理性。

第一，要想到，你自己也和他们一样，犯了很多不自觉的错误。也许你已经纠正了这种错误，但难保你不会犯其他错误。

第二，当你断定别人在做着不正当的事情时，你也要想一想你的判断是否正确，因为很多事情其中另有隐情。我们必须了解更多，才能对别人做出正确的判断。

第三，在你烦恼、愤怒和悲伤时，想一想生命是很短暂的，没有必要把时间浪费在这上面。

第四，困扰我们的实际上并不是别人的行为，而是你对于这些行为的看法。那么消除这种看法，放弃那些认为某件事情是极恶的东西的判断，你的怒火就能够得到平息。那么怎么才能消除这种判断呢？只需要明白一个道理：就是别人的行为并不是你的耻辱，只有你自作的恶行才是你的耻辱。如果你为别人的行为也感到耻辱，那你就是在代替那些人受过了。

第五，要想一想，由于这种行为引起的烦恼和愤怒带给我们的痛苦，比这种行为本身带来的痛苦要多得多。

第六，保持一种和善的气质是令任何人都无法拒绝的，但要是真实的、发自内心的，而不是一种表面上故作的微笑。始终和善地对待他人，即使最暴躁无礼的人，也不会对你怎么样。在条件允许的情况下，你可以用一种温和的态度纠正他的错误，你要以这种语气说："孩子，不要这样，这不会让我受到伤害，而你却在伤害你自己。蜜蜂，还有其他的动物，都是这样，它们都不会像你这样伤害自己。"用这样的口吻，循循善诱地告诉他这些道理，不带任何双重的意向，不带任何斥责、怨恨的感情，亲切和善地关心他的感受，而不要刻意做给旁人看。

按照上面的方法，你就会发现，只要自己恢复了平静和理性，那些打扰我们内心的事物就几乎不存在了。可见，真正影响我们的生活的，只是我们隐藏在自己内心深处的情绪。所以，只要能够控制住自己的内心，我们就掌握了人生的主动权。

火气太大，难免被打入恶者的行列

凡事不要冒火，不要记恨。看见公交车上年轻的小伙子旁边站着一个孕妇，可是那小伙子却丝毫没有让座的意思；看见恶人亨通，明明就没有好的品德，却能够吃好喝好……我们常常恼火，甚至于对自己的家人都不能心平气和地说话。当我们心怀不平的时候，一定要把火气压下去。即便你认为你自己的理由很充分，但是发火并不能解决问题。

罗斯福深得其子女的爱戴，这是众所周知的。有一次，罗斯福的一位老友垂头丧气地来找罗斯福，说他的小儿子居然离家出走，到姑母家去住了。这男孩本来就桀骜不驯，这位父亲把儿子说得一无是处，又指责他跟每个人都处不好。

罗斯福回答说："胡说，我一点儿都不认为你儿子有什么不对。不过，一个人如果在家里得不到合理的对待，他总会想办法由其他方面得到的。"

几天后，罗斯福无意中碰到那个男孩，就对他说："我听说你离家出走，是怎么回事？"男孩回答："是这样的，每次我有事找爸爸，他都会发火。他从不给我机会讲完我的事，反正我从来没有对过，我永远都是错的。"

罗斯福说："孩子，你现在也许不会相信，不过，你父亲才真正是你最好的朋友。对他来说，你是这世上最重要的人。"

"也许吧！不过我真的希望他能用另一种方式来表达。"

接着罗斯福去告诉那位老友，发现令其惊讶的事实，他果然正如其儿子所形容的那样暴跳如雷。于是，罗斯福说："你看！如果你跟儿子说话就像刚才那样，我不奇怪他要离家出走，我还奇怪他怎么现在才出走呢？你真是应该跟他好好谈一谈，心平气和地跟他沟通才是。"

跟孩子沟通需要的是耐性，因为孩子很少能理智地面对问题，如果我们强硬地表达自己的想法，他们肯定不理解，并且很可能会加重他们的叛逆思想。当孩子对我们的不满越积越多的时候，在他们的眼里，我们也就成了恶人，再没有办法走入他们的世界了。

同理，在处理事情的时候，如果不能冷静地分析其中的缘由，提供解决问题的办法，而单单用呵斥和责骂来表达你的情绪时，很可能会招致对方的不满。

火气越大的人越容易发怒，而愤怒常常让人失去理智。如果长期被这种情绪所控制，不仅会损害我们的身体，还可能在心理上形成焦躁、恼恨、嫉妒、粗暴等情绪，让我们的生活从此失去谦和的香气。

试想，如果一个人总是粗暴地对待别人，经常嫉恨别人，那么还会有人愿意跟他相处吗？所以，我们要适时控制自己的火气，别因为一时的冲动将自己打入恶者的行列。

暴躁是发生不幸的导火索

一个人性格暴躁的最直接表现就是非常容易愤怒,因此,愤怒是一种很常见的情绪,特别是年轻人。比如,血气方刚的小伙子,他们往往三两句话不对,或为了一点儿芝麻大的事情就大打出手,造成十分严重的后果。

其实,愤怒是一种很正常的情绪。它本身不是什么问题,但如何表达愤怒则是个问题。有效地表达愤怒会提高我们的自尊感,使我们在自己的生存受到威胁的时候能勇敢地战斗。

脾气暴躁,经常发火,不仅是强化诱发心脏病的致病因素,而且会增加患其他病的可能性,它是一种典型的慢性自杀。因此为了确保自己的身心健康,必须学会控制自己,坚决克服爱发脾气的坏毛病。

如何有效地抑制生气和不友好的情绪呢?这主要在于自己的修养和来自亲人及朋友的帮助与劝慰。实验证明,在行为方式有改善的人中,死亡率和心脏病复发率会大大下降。为了控制或减少发火的次数和强度,必须对自己进行意识控制。当愤愤不已的情绪即将爆发时,要用意识控制自己,提醒自己应当保持理性,还可进行自我暗示:"别发火,发火会伤身体。"有涵养的人一般能控制住自己。同时,及时了解自己的情绪,还可向他人求得帮助,使自己遇事能够有效地克制愤怒。只要有决心和信心,再加上他人对你的支持、配合与监督,你的目标一定会达到。

一般来说,性格暴躁的人都有如下的一些表现:

（1）情绪不稳定。他们往往容易激动。别人有一点儿友好的表示，他们就会将其视为知己；而话不投机，就会怒不可遏。

（2）多疑，不信任他人。暴躁的人往往很敏感，对别人无意识的动作，或轻微的失误，都看成是对他们极大的冒犯。

（3）自尊心脆弱，怕被否定，以愤怒作为保护自己的方式。有的人希望和别人交朋友，而别人让他失望了，他就给人家强烈的羞辱，以挽回自己的自尊心。这同时也就永远失去了和这个人亲近的机会。

（4）没有安全感，怕失去。

（5）从小受娇惯，一贯任性，不受约束，随心所欲。

（6）以愤怒作为表达情感的方式。

有的人从小父母的教育模式就是打骂，所以他也学会了将拳头作为表达情绪的唯一方式。甚至有时候，将愤怒作为表达爱的一种方式。

（7）将自己受到的挫折和不满情绪发泄在无辜的人身上。

应当说，脾气是一个人文化素养的体现。大凡有文化、有知识、有修养者，往往待人彬彬有礼，遇事深思熟虑，冷静处置，依法依规行事，是不会轻易动肝火的。而大发脾气者，大多是缺乏文化底蕴的人，他们似干柴般的思想修养，遇火便着，任凭自己的脾气脱缰奔驰，直至撞得头破血流。

所以，情绪容易暴躁的人，提高自己的素质修养刻不容缓。

下面的八条措施将帮助你改变暴躁的性格。

（1）承认自己存在的问题。请告诉你的配偶和亲朋好友，你承认自己以往爱发脾气，决心今后加以改进，希望他们对你支持、配合和督促，这样有利于你逐步达到目的。

（2）保持清醒。当愤愤不已的情绪在你脑海中翻腾时，要立刻提醒自己保持理性，这样你才能避免愤怒情绪的爆发。

（3）推己及人。把自己摆到别人的位置上，你也许就容易理解对方的观点与举动了。在大多数场合，一旦将心比心，你的满腔怒气就会烟消云散，至少觉得没有理由迁怒于人。

（4）诙谐自嘲。在那种很可能一触即发的危险关头，你还可以用自嘲解脱。"我怎么啦？像个3岁小孩，这么小肚鸡肠！"幽默是改掉发脾气的毛病的最好方法。

（5）训练信任。要学会信赖他人。事实证明，你不必设法控制任何东西，也会生活得很顺当。这种认识不就是一种意外收获吗？

（6）反应得体。受到不公平对待时，任何正常的人都会怒火中烧。但是无论发生了什么事，都不可放肆地大骂。而该心平气和、不抱成见地让对方明白，他的言行错在哪儿、为何错了。这种办法给对方提供了一个机会，在不受伤害的情况下改弦更张。

（7）贵在宽容。学会宽容，放弃怨恨和报复，你就会发现，愤怒的包袱从双肩卸下来，有助于你放弃错误的冲动。

（8）立即开始。爱发脾气的人常常说："我过去经常发火，自从得了心脏病，我认识到以前那些激怒我的理由，根本不值得大动肝火。"请不要等到患上心脏病才想到要克服爱发脾气的毛病吧，从今天开始修身养性不是更好吗？

一位哲人说："谁自诩为脾气暴躁，谁便承认了自己是一名言行粗野、不计后果者，亦是一个没有学识，缺乏修养之人。"细细品味，煞是有理。愿我们都能远离暴躁脾气，做一个有知识、有文化、有修养的人。

因此，能够自我控制是人与动物的最大区别之一。脾气虽与生俱来，但可以控制。多学习，用知识武装头脑，是调节脾气的最佳途径。知识丰富了，修养提高了，法纪观念增强了，脾气这匹烈马就会被紧紧牵住，无法脱缰招惹是非，甚至刚刚露头，即被"后果不良"的意识所制约，最终把上窜的脾气压下，把不良后果消灭在萌芽状态。

愤怒既摧残身体又摧残灵魂

人经常不能控制自己的怒气,为了生活中大大小小的事情勃然大怒或者愤愤不平,愤怒由对客观现实某些方面不满而生成。比如,遭到失败、遇到不平、个人自由受限制、言论遭人反对、无端受人侮辱、隐私被人曝光、上当受骗等多种情形下人都会产生愤怒情绪。表面看起来这是由于自己的利益受到侵害或者被人攻击和排斥而激发的自尊行为,其实,用愤怒的情绪困扰灵魂,乃是一种自我伤害。

对身体健康的伤害只是其中一个方面,愤怒对于灵魂的摧残尤为严重。由灵魂而生的愤怒情绪,又回过头来伤害灵魂本身,让灵魂变得躁动不安,失去原有的宁静。

有一位得道高人曾在山中生活30年之久,他平静淡泊,兴趣高雅,不但喜欢参禅悟道,而且喜爱花草树木,尤其喜爱兰花。他的家中前庭后院栽满了各种各样的兰花,这些兰花来自四面八方,全是年复一年地积聚所得。大家都说,兰花就是高人的命根子。

这天高人有事要下山去,临行前当然忘不了嘱托弟子照看他的兰花。弟子也乐得其事,上午他一盆一盆地认认真真浇水,等到最后轮到那盆兰花中的珍品——君子兰了,弟子更加小心翼翼了,这可是师父的最爱啊!他也许浇了一上午有些累了,越是小心翼翼,手就越不听使唤,水壶滑下来砸在了花盆上,连花盆架也碰倒了,整盆兰花都摔在了地上。这回可把弟子给吓坏了,愣在那里不知该怎么办才好,心想:"师父回来看到这番景象,肯定会大发雷霆!"他越想越害怕。

下午师父回来了,他知道了这件事后一点儿也没生气,而是平心静气地对弟子说了一句话:"我并不是为了生气才种兰花的。"

弟子听了这句话,不仅放心了,也明白了。

不管经历任何事情,我们都要制怒,在脉搏加快跳动之前,凭借理智使自己平静。

想一想,如果惹你生气的人犯了错误,是由于某种他们不可控的原因,我们为什么还要愤怒呢?

如果不是这样,那么他们犯错一定是由于善恶观的错误。我们看到了这一点,说明在善恶观的问题上,我们的灵魂比他们优越,比他们更理性,更能辨明是非黑白。对于他们,我们只有怜悯,不应有一丝愤怒。

对于犯了错误的人,尽己所能平静地劝诫他们,没有必要生气,心平气和地指出他们的错误,然后继续做你该做的事,完成自己的职责。

卸下情绪的重负，对自己说"没关系"

接纳自己，欣赏自己，将所有的自卑全都抛到九霄云外，这是一个人保持快乐最重要的前提。以高标准来要求自己、不能容忍自己不完美的人，终其一生只能在对自己的哀叹中度过，是无法享受到生活的快乐的。他们给自己设订了太多的条条框框，强迫自己去遵守，以达到他们期望的目标，这使得他们的生活背负了太多的重担，负重的情绪必然无法去感受生活的轻松和快乐。

亨利是一个快乐的年轻人。他3岁时在和小朋友玩耍时不慎被高压电流击伤，因双臂坏死而截肢致残。在这之后，父母将他送到附近的一座残疾人孤儿院去，他在那里整整住了16年，父母很少去看他。在孤儿院没有人教他应当怎样做事情，一切都得自己摸索。开始亨利用嘴叼着笔写字，由于离纸太近眼睛疼痛，于是他改用脚写字，他在孤儿院上完了中学。

回到故乡后亨利开始边工作边学习，他在一个师范学院学习文学。他并不想当老师，只是想完善自己，他和大学生们一样要做作业，通过各种测验和考试。亨利通过训练能够自己照顾自己；他会用脚斟茶，拿小勺往茶里加糖，并灵巧地抓住小小的茶杯慢慢地品茶；电话铃声响了，他能够抓起听筒。他能够处理一些简单的家务。

他的妻子琼斯说："亨利很聪明，要是什么事情做不了，他就会琢磨该怎么办。他是一个优秀的绘图员，他会修各种电器，搞得懂所有的线路。例如电子表坏了，他就把它拆开修理，用小镊子灵巧地把零件——装好。他的表总是挂在脖子上，他是用膝盖托起表来看时间的。他总是一刻不停地干这干那，他还改过裙子呢，又是量，又是画线，又是剪，最后用缝纫机做好。在家乡他挺出名的，一天到晚总是吹着口哨或哼着歌曲，是个无忧无虑的快乐人。"

亨利喜欢唱歌，参加过巡回演出团。他常常到孤儿院去义演。他和他16岁的儿子一起录制磁带送给朋友们。他靠600美元的退休金和妻子微薄的工资生活，十分清苦。但是，对于他来说，令他最开心的是他在生活，在唱歌，感觉他自己是一个自食其力的人。

亨利的故事告诉我们，只要一个人学会接纳自己，能够以平和的心态去接纳自己的不完美，他就能够拥有一个快乐的人生。如果总是让自己背负沉重的负担，终日陷在悲观郁闷的情绪中，生活对他来说就只能是一场苦旅。所以，遭受困难时、悲伤失意时，多给自己说几声"没关系"，生活的希望永远存在，只要努力，一切困苦对我们来说都是没关系的。

别让怨气毁了自己

如果你很容易发怒的话，那么就说明你可能有一些还未解决的问题压在心头。你需要找出这些问题，然后设法解决它们，以便继续前进。真正聪明的人，懂得从他人的怒火中寻找温暖，而不是顺着自己的怨气毁灭自己。

下面这个故事中，富兰克林的经历也向我们说明了克制怒气的重要：

有一次，有位管理员为了显示他对富兰克林一个人在排版间工作的不满，把屋里的蜡烛全部收了起来。这种情况一连发生了好几次。

有一天，富兰克林到库房里赶排一篇准备发表的稿子，却怎么也找不到蜡烛了。

富兰克林知道是那个人干的，忍不住跳起来，奔向地下室，去找那个管理员。当他到那儿时，发现管理员正忙着烧锅炉，同时一面吹着口哨，仿佛什么事情也没发生。

富兰克林抑制不住愤怒，对着管理员就破口大骂，一直骂了足足有5分钟，他实在想不出什么骂人的语句了，只好停了下来。这时，管理员转过头来，脸上露出开朗的微笑，并以一种充满镇静与自制的声调说："呀，你今天有些激动，是吗？"

他的话就像一把锐利的短剑，一下子刺进了富兰克林的心里。

富兰克林的做法不但没有为自己挽回面子，反而增加了他的羞辱。他开始反省自己，认识到了自己的错误。

富兰克林知道，只有向那个人道歉，内心才能平静。他下定决心，来到地下室，把那位管理员叫到门边，说："我回来是为我的行为向你道歉，如果你愿意接受的话。"

管理员笑了，说："你不用向我道歉，没有别人听见你刚才说的话，我不会把它说出去的，我们就把它忘了吧。"

这句话对富兰克林的影响更甚于他先前所说的话。他向管理员走去，抓住他的手，使劲握了握。他明白，自己不是用手和他握手，而是用心和他握手。

在走回库房的路上，富兰克林的心情十分愉快，因为他鼓足了勇气，弥补了自己所犯的错误。

从此以后，富兰克林下定决心，决不再失去自制力，因为凡事以愤怒开始，必以耻辱告终。

你一旦失去自制之后，另一个人——不管是一名目不识丁的管理员，还是有教养的绅士，都能轻易将你打败。

在找回自制之后，富兰克林身上也很快发生了显著的变化，他的笔开始发挥更大的力量，他的话也更有分量，并且结交了许多朋友。这件事成为富兰克林一生当中非常重要的一个转折点。后来，成功的富兰克林回忆说："一个人除非先控制自己，否则他将无法成功。"

众所周知，人与人之间的情绪是会相互感染的，有时自己控制得还不错的情绪，一下子就被别人破坏了，而别人的情绪也常常被自己"污染"。

如果你总是走不出过去的阴影，愤愤不平、牢骚满腹、自怨自艾，那么就很难保持良好的自我控制力，你最终想掌握自己命运的希望就会破灭。

冲动常常让人丧失理智

一个成功的人必定是有良好控制能力的人，控制自我不是说不发泄情绪，也不是不发脾气，过度压抑只会适得其反。

新的一届竞选又开始了，一位准备参加参议员竞选的候选人向自己的参谋讨教如何获得多数人的选票。

其中一个参谋说："我可以教你些方法。但是我们要先定一个规则，如果你违反我教给你的方法，要罚款10元。"

候选人说："行，没问题。"

"那我们从现在就开始。"

"行，就现在开始。"

"我教你的第一个方法是：无论人家说你什么坏话，你都得忍受。无论人家怎么损你、骂你、指责你、批评你，你都不许发怒。"

"这个容易，人家批评我、说我坏话，正好给我敲个警钟，我不会记在心上。"候选人轻松地答应。

"你能这么认为最好。我希望你能记住这条，要知道，这是我教给你的规则当中最重要的一条。不过，像你这种愚蠢的人，不知道什么时候才能记住。"

"什么！你居然说我……"候选人气急败坏地说。

"拿来，10块钱！"

虽然脸上的愤怒还没退去，但是候选人明白，自己确实是违反规则了。他无奈地把钱递给参谋，说："好吧，这次是我错了，你继续说其他的方法。"

"这条规则最重要,其余的规则也差不多。"

"你这个骗子……"

"对不起,又是10块钱。"参谋摊手道。

"你赚这20块钱也太简单了。"

"就是啊,你赶快拿出来,你自己答应的,你如果不给我,我就让你臭名远扬。"

"你真是只狡猾的狐狸。"

"又10块钱,对不起,拿来。"

"呀,又是一次,好了,我以后不再发脾气了!"

"算了吧,我并不是真要你的钱,你出身那么贫寒,父亲也因不还人家钱而声誉不佳!"

"你这个讨厌的恶棍,怎么可以侮辱我家人!"

"看到了吧,又是10块钱,这回可不让你抵赖了。"

看到候选人垂头丧气的样子,参谋说:"现在你总该知道了吧,克制自己的愤怒情绪并不容易,你要随时留心,时时在意。10块钱倒是小事,要是你每发一次脾气就丢掉一张选票,那损失可就大了。"

控制自己的情绪是件非常不容易的事情,因为我们每个人的心中都存在着理智与感情的斗争。冲动时,不要有所行动,否则你会将事情搞得一团糟。人在不能自制时,会举止失常;冲动会使人丧失理智。此时应去咨询不为此情所动的第三方,因为当局者迷,旁观者清。当谨慎之人察觉到自己有冲动的情绪时,会即刻控制并使其消退,避免因热血沸腾而鲁莽行事。冲动情绪的爆发会使人不能自拔,甚至名誉扫地,更糟糕的则可能丢掉性命。

不斗气，不生气

世上有两种人，一种是开口便笑的人，一种是牢骚满腹的人；同样的一件事，有人埋头做事，有人破口大骂。埋头做事的并不一定是傻子，破口大骂的也不见得是聪明人，但是前者一定很快乐，后者则容易生气。一个让自己快乐工作的人，一定能将工作做好，这也是成功的前提。在我们斗气的时候，何不学着把看问题的角度改变一下，将自己从心魔中解脱出来，站在另一个角度看问题。要懂得缩小自己的不满，才能看见问题的另一个方面。任何斗气都是无济于事的，应勇敢地面对现实，接受现实，以一颗平常心看待已然无法改变的现实。

小薛和小刘是大学时的校友，同系不同班，毕业的时候一同进了一家电脑公司。高科技公司的特征就是高薪高压加高竞争，两人不由自主地成了对手，两年多的时间里不知交锋过多少次。后来，小薛参加一个新程式的开发项目，并被提为主要负责人。

开发很顺利，接近尾声的时候却出了问题，一家同行竞争公司抢先推出了类似的项目成果。开发顿时失去意义，项目立刻被停止。公司主管研究发现，那家推出的软件是在本公司研究的核心程序基础上做出的，作为主要负责人的小薛受到技术泄露的牵连不可避免地被降了职。直到半年后小刘辞职跳槽到了那家公司，小薛才知道原来一切都是因为小刘嫉妒她，认为她抢了自己的发展机会而暗中使的坏，而正是自己的信任和疏忽，无意中让小刘看到了自己所编的程式。知道了真相的小薛无法咽下这口恶气，于是也跳槽到了那家公司，处处与小刘对着干。结果两败俱伤，那家公司的经理厌烦了两个人的明争暗斗，最终将她们都辞掉了。

　　生活中有些挫折可能是别人无意中带给我们的，有些可能来自和我们竞争的一方。这就需要我们充分利用自己的智慧，低调处之，不和他人斗气，才能保持清醒的头脑。如果人与人之间，你对我不好，我也就对你不好。这样以恶制恶、以怨制恨、互相伤害，只能加深和激化矛盾、产生怨恨，丝毫解决不了根本问题。要知道，一个人与其意见相左的人越多，他的人际交往也就越失败，事业就越难以发展。多一个朋友多一条路，与其与人为敌，不如化敌为友，这样人生之路才会越走越宽、越走越顺。因此遇到矛盾时不管对方是对还是错，自己首先忍让一下，后退一步，心平心和地把问题说清楚。在善心善语面前，再不讲理的人也不好意思变本加厉，再大的矛盾都会化干戈为玉帛。

第七章
善待自己,别让压力毁了你

善待自己，给压力一个出口

人生苦短，不要被各种繁锁的事所劳累，要把身边的俗事抛开，把眼前的角逐看淡点。身体是自己的，心情更是自己的，不要让自己的心理背上沉重的负担。善待自己，给压力一个出口。

人就这么短短的几十年，干干净净地来，干干净净地走。来时与世无挂，走时却牵肠挂肚，甚至死不瞑目，是因为活得太累。

紧张的工作、生活、学习和人际交往等形成的各种压力，也许会让你防不胜防。人们受着来自各方面的压力，常常听见身旁的人在喊累。人确实活得累，为父母累，为子女累，为朋友累……这种心理上的累，比身体上的累更让人难以承受，也很难得到彻底的解脱。

为什么要这样折磨自己？希望别人都认为你很能干、希望自己变成工作狂，还是希望赚更多钱改善生活？……事实上，正是因为这些希望使你变得更加疲惫不堪。那么，不妨反思一下自己。

希望别人都认为你很能干？这种希望只是为了面子好看、心里舒服罢了。要知道工作的目的应是为社会做贡献，而不是为了表现自己。

希望自己变成工作狂？对工作以外的人和事你全没兴趣吗？要知道工作只是生活的一部分，不应是你全部的人生。只知道拼命工作，身体垮了，怎能去奢谈工作和人生。

希望赚更多的钱改善生活？但是，拼命地工作使身体垮了，还有赚钱的资本吗？幸福的生活并非只靠钱财来营造。

凡是憧憬美好生活的人，都应学会善待自己。只有善待自己，才会有健康的身体，有工作的保证，有幸福美好的生活。可见，善待自己不容忽视。

学会善待自己，就要自己给自己营造快乐。不在乎他人说什么"走自己的路，让别人去说吧"，我还是我——清晨踱步户外，望一轮朝日冉冉东升，任清风从脸上拂过。爽悦的一定是心情，收获的一定是快乐。

学会善待自己，就要看淡功名利禄，心胸要宽广。要始终相信是自己的别人拿不走，不是自己的拿到手也是"烫手的山芋"。

学会善待自己，我们一直都在生活着，不是觉得有能力过好日子的时候，生活才开始。你必须马上改变过去一成不变的生活，学会调整自己，陶冶自己，感受生活的幸福。想学绘画吗？赶紧拿起画笔；想学舞蹈吗？赶紧换上舞鞋；想去旅游吗？那就赶紧背起背包吧！不要压抑太多喜好，也不要收藏太多期盼，不要自己和自己过不去。"人生苦短，来日无多"——活着不该扭扭捏捏，活着就该扬眉吐气、洒洒脱脱，不必为鸡毛蒜皮的琐事愁眉紧锁；也不必为只言片语的不和谐而耿耿于怀。

学会善待自己，就不要让自己活得太累太辛苦。少一点做作，多一点真诚；少一点包装，多一点真实。只有真实了，才没有心累的感慨，才会活得轻松愉快。自己欣赏自己，生活才自信、才充满盎然生机。

学会善待自己，就要学会在各种压力面前为自己减压，卸去那些无形的枷锁。在工作、学习和生活中，要善于把压力变成动力，要为自己创造一个良好的心理环境，不要把压力变为自己的心理负担。为自己减压，要把工作看成是一件乐事，把学习当作一件有趣的事情，把生活看作是一件很平常的事。心情烦恼之时停下来歇一歇；心情快乐之时，各方面都加把劲。

人活着就这么几十年，苦也是过，乐也是过，劳累也过，轻松也过，不要为自己增压，要给压力一个出口。

克服紧张情绪，学会放松自己

生活节奏太快，大脑神经绷得紧紧的，不敢有半点儿松懈，害怕自己松懈时，会被别人超过。但精神过度紧张不但于事无补，反而容易使人在紧张中作出错误的决定。

生活在一个竞争激烈、快节奏、高效率的社会，不可避免会给人带来许多紧张和压力。精神紧张一般分为弱的、适度的和过度的三种。

适度的精神紧张，是人们解决问题的必要条件。但是，过度的精神紧张却不利于问题的解决。从生理学的角度来看，人若长期、反复地处于超生理强度的紧张状态中，就容易急躁、激动、恼怒，严重者会导致大脑神经功能紊乱，有损于身体健康。

因此，我们要克服紧张的心理，设法把自己从紧张的情绪中解脱出来。下面介绍几点帮你摆脱紧张：

1. 对别人要宽容

有些人对别人期望太高，达不到自己的期望时，便感到灰心、失望。因此，切记不要过分苛求别人，而应发现其优点，并协助其发扬优点。

2. 给别人超过自己的机会

竞争是有感染性的，你给别人超过自己的机会，不但不会妨碍你的前进，而且还会在别人的带动下不断地前进。

3. 谦让

你可以坚持自己认为正确的事情，但应该静静地去做，切记不要和别人一争高低。

4. 为他人做些事情

如果你感到紧张、烦恼时，试一试为他人做些事情，你会发现，使人紧张、烦恼的情绪通通消失了，代之的是一种做好事的愉快感。

5. 使自己变得"有用"

很多人都有这样的感觉：认为自己被人看不起。实际上，这不过是自己的想象，是自己看不起自己，也许别人正渴望你有突出的表现。因此，你要主动一些，而不要等着别人向你提出要求。

6. 一次做一件事

在繁忙的情况下，最可靠的办法就是先做最迫切的事，把全部精力投入其中，一次只做一件，把其余的事暂时搁到一边。

7. 不要乱发脾气

如果你感到自己想要发脾气，要尽量克制一点，做一些有意义的事情，比如清洁居室、打球或者是散步，以平息自己的怒气。

8. 学会调整生活节奏，有劳有逸

在日常生活中要注意调整好节奏。工作学习时要思想集中，玩时要痛快。要保证充足的睡眠，适当安排一些文娱、体育活动，做到有张有弛、劳逸结合。

9. 降低对自己的要求

一个人如果十分争强好胜，事事都力求完善，事事都要争先，自然就会经常感到时间紧迫，匆匆忙忙。而如果能够了解自己能力

和精力，放低对自己的要求，凡事从长远和整体考虑，不在乎一时一地的得失，不在乎别人对自己的看法和评价，自然就会使心境松弛一些。

生活中，如果我们能够做到有张有弛，就可以减轻紧张对人们身心造成的危害，这是一门科学，也是生活的艺术。

给"活得累"开个新药方

　　太累了，就该歇一歇，给自己一点时间和空间休息，听歌、听感人的故事、出去远行等等，相信你会笑着面对一切的。

　　现代社会中，工作和生活的节奏不断加快，竞争也日渐激烈，如果人们不注意调整自己的心态，就很容易感到身心疲劳，即人们常说的"活得累"。

　　有位医生在给一位企业家进行诊疗时，劝他多多休息。这位企业家愤怒地抗议说："我每天承担巨大的工作量，没有一个人可以分担一丁点的业务。大夫，您知道吗？我每天都得提一个沉重的手提包回家，里面装的是满满的文件呀！"

　　"为什么晚上还要批那么多文件呢？"医生惊讶地问道。

　　"那些都是必须处理的急件。"企业家不耐烦地回答。

　　"难道没有人可以帮你忙吗？助手呢？"医生问。

　　"不行呀！只有我才能正确地批示呀！而且我还必须尽快处理完，要不然公司怎么办呢？"

　　"这样吧！现在我开一个处方给你，你能否照着做呢？"医生有所决定地说道。

　　企业家听完医生的话，读一读处方的规定———每天散步两小时，每星期抽出半天的时间到墓地一次。企业家奇怪地问道："为什么要我去墓地呢？"

　　"因为……"医生不慌不忙地回答，"我希望你四处走一走，瞧一瞧那些与世长辞的人的墓碑。你仔细思考一下，他们生前也与你一样，认为全世界的事都扛在双肩,如今他们全都永眠于黄土之中,也许将来有一天你也会加入他们的行列,然而整个地球的活动还是不断地进行着。而其他世人们仍是如你一般继续工作。我建议你站在墓碑前好好地想一想这些摆在眼前的事实。"

医生这番苦口婆心的劝说终于敲醒了企业家,他依照医生的指示,放慢了生活的步调,并且移交一部分职责,他知道生命的真义不在急躁或焦虑,他的心已经变得平和,也可以说他比以前活得更好,当然事业也蒸蒸日上。

"生活太累了!"经常听见有人喊出这样的一句话。其实,生活本身并不累,它只是按照自然规律,按照本身的规律在运转。说生活太累的人是他本人活得太累了。心理学家认为,有"活得累"想法的人,大多数得的是"心病",也就是他们的心理失去平衡或发生障碍。

心累与身累的最大不同是,身累睡眠状况特好,往往一入睡就睡得很沉,被人抬走了都不知道,一旦醒来,便觉浑身轻松,精神百倍;而心累虽然十分疲乏,但睡眠相当不好,常常失眠,越命令自己不考虑事儿越是接二连三地考虑,甚至上下五千年纵横八万里的事情全都涌向心头。好不容易入睡了,却不是被一点小声音弄醒,就是被梦魇惊醒,醒来后头晕目眩,跟大病了一场似的,而且很难再次入睡,往往形成恶性循环。

生活在不缺吃不少穿的社会里,为什么有些人还会感觉活得太累呢?究其原因有以下几点:

1. 志大运背,怀才不遇

这种人天生清高孤傲,不愿随波逐流,虽才高八斗、学富五车,然而遇不到赏识千里马的伯乐,致使其怨气冲天,常常发出"龙卧浅滩遭虾戏,虎落平原被犬欺,落魄凤凰不如鸡"的慨叹。

2. 喜洁成癖，自讨苦吃

这种人容不得半点灰尘和一点污垢，满眼都是脏乱不堪的惨状，恨不得把所有的人和物都扔到清水中。把所有的休息时间消耗在清洁上了，甚至在梦里都忙个不停。

3. "忧国忧民"，事事操心

此类人智商不比别人高，但考虑事儿却远比别人多，比如世界局势将会有什么新的变化等，整天把自己搞得疲惫不堪。

4. 心高命薄，事与愿违

这些人对生活期望过高，然而现实与理想相差却甚远，故时时被失望的痛苦所折磨。

活得累的人，应该认真分析一下自己究竟累在什么地方，心病还需心药医，确确实实地对症下药。这样，才能使自己从"活得累"中解脱出来，从而使自己生活得更加充实和快乐。给活得累的人开的药方只有4个字：修身养性。就是指面对困难和挫折鼓起勇气，树立信心；努力寻找自己在生活中的恰当位置，脚踏实地地为社会、为他人做事，以充实自己；遇事要拿得起，放得下，不要为一些小事斤斤计较。至于那些因为与充满竞争的社会环境及快节奏的生活不适应，而感到"活得累"的人，就应该锻炼身心、磨炼自己的意志，以增强自己的适应能力。另外，心理调整法也是治疗"活得累"的良方，就是要做到不断纠正自己因循守旧的意识和固步自封的想法及做法，树立自信心，增强尝试新事物的勇气；怡然地处世为人，树立人际关系的新观念。

人生苦短，拼搏之余学会放松自己，给自己一点时间去休息，才可谓是享受人生。累了，当然要歇一会儿，但愿所有人都会善待自己，留下每一个歇息的足迹！

放下，更轻松

放下自己多余的担心，放下自己过多的忧虑，放下自己的不良情绪，以一种轻松的心态、愉快的心境来面对工作，对待爱情，追求未来。放下，更轻松。从现在做起，对自己说：Take it easy（放轻松）！

生活中，时时刻刻在取与舍中选择，我们总是渴望着取，渴望着占有，常常忽略了舍，忽略了占有的反面：放弃。懂得了放弃的真意也就理解了"失之东隅，收之桑榆"的妙谛。

有的时候，你明明知道有些东西不属于你，可你偏要强求。或许可能出于对自己盲目的自信，或是过于相信所谓的"精诚所至，金石为开"，结果不断的努力，换来的却是不断的挫折，到头来弄得自己苦不堪言。

在变化快速的环境里，问题接踵而来，许多问题往往超出我们过去的处理经验。这些新的问题，容易让我们陷入泥沼之中。此时，不妨让自己先脱离当时问题的环境，过一段时间再处理，这样会让我们有更多新的思考角度。

世界上有很多事不是我们努力就能够实现的，有的靠缘分，有的靠机遇，有的我们只能以看山看水的心情来欣赏，不是自己的不强求，无法得到的就要放弃。懂得放弃，才会有快乐，背着包袱走路总是很辛苦的。

放弃，对每一个人来说，都有一个痛苦的过程，因为放弃意味着永远不再拥有，但是，不会放弃，想拥有一切，最终你将一无所有。如果你不放弃眼前的利益，就无法享受到花前月下的温馨。生活给予我们每个人的都是一座丰富的宝库，但你必须学会放弃，选择适合你自己的，否则，生命将难以承受！

仔细想想在生活或者是工作中，会不会有这种情形：萦绕已久的问题，百思不得其解，却往往在身心放松的时刻，灵感突然涌现。因此，当遇到难题时，不妨先暂时把问题抛开，放松一下，喝杯咖啡或者去散散步，反而能找到更好的灵感或方法。

有位教授向他的学生讲述如何正确对待压力。他举起一杯水，问道："这杯水有多重？"从20克到500克，回答各异。"其实具体多重并非关键，关键在于你举杯的时间。如果你举了一分钟，即便杯子重500克也不是问题，如果你举杯一个小时，20克的杯子也会让你手臂酸痛；如果举杯一天，恐怕就需叫救护车了。同一个杯子，举的时间越长，它会变得越重。倘若我们总是将压力扛在肩上，压力就像水杯一样，会变得越来越重。早晚有一天，我们将不堪其重。正确的做法是，放下水杯，休息一下，以便再次举起它。"

为了明天，时时刻刻背负着所有的压力，人就会垮掉，如果适时地善待一下自己，把所面临的压力放下来，让自己轻松一下，然后再去奋斗，相信你的精力会更充沛。

不要让自己的思想负担过重，没必要把没用的东西存在脑海里。不断给自己的灵魂加以清理扫除，学习发现寻找适于自我生存的一切资源；把握适合体现自我价值的一切生存方式，把握今天，展望明天，过好每一天，放下便是轻松。

在通常情况下，"放得下"主要体现于以下几方面：

1. 放得下名

据专家分析，高智商、思维型的人，患心理障碍的概率相对较高。其主要原因在于他们一般都喜欢争强好胜，对名看得较重，有的甚至爱"名"如命，累得死去活来。倘若能对"名"放得下，就称得上是超脱的"放"。

2. 放得下情

人世间最说不清、道不明的就是一个"情"字。凡是陷入感情纠葛的人，往往会理智失控，剪不断，理还乱。若能在情方面放得下，可称是理智的"放"。

3. 放得下财

李白在《将进酒》诗中写道："天生我材必有用，千金散尽还复来。"如能在这方面放得下，可称是非常潇洒的"放"。

4. 放得下忧愁

现实生活中令人忧愁的事实在太多了，就像宋朝女词人李清照所说的："才下眉头，却上心头。"狄更斯也说过："苦苦地去做根本就办不到的事情，会带来混乱和苦恼。"如果能对忧愁放得下，那就可称是幸福的"放"，因为没有忧愁的确是一种幸福。

人的欲望是最难满足的，常常这山望着那山高。要想活得轻松自在，就必须不停地去奋斗和追求，以实现人生价值。因为我们所追求的往往是把握不住的东西，得到了很快就会失去，所以永远处在一种希望和失望的交替矛盾当中，永远也不会满足。所谓的满足，其实只是暂时的。

能够及早放下，就能及早得到心灵上的满足和精神上的享受，也就不会为物欲所驱使，过着紧张的生活。心里得到了满足，人自然也就清闲自在了。与其在衰老时悲哀地死亡，还不如在未老时就明了这一点，顺其自然，及时放下心里的一切重负，这样就能够品尝到快乐的滋味。

生活中，当你遇到复杂而且具有挑战性的问题时，一时难以找到解决的方法，不要担心，也不要沮丧，因为最好的策略往往需要时间去孕育。一味仓促地做出决定，往往得不偿失，暂时把问题放下来，把压力放下，可以让我们许多平常没有想到的想法与做法浮现出来，不仅让思考更清楚、更周密，也更具有创造力。

心灵需要轻松，身体也需要常常把重担放下。当你学会放下、再放下，生命会更轻松，身体也才会更放松。

常给心灵做"按摩"

如今，人们讲究生活质量和生活品位，注重外部形体和容颜，而当心理疲惫时，你是否对它进行了必要的呵护？请不要忽视这个问题，这种呵护是对心理的支撑、养护和保健。经常进行心理"按摩"，是驱走不快、解决困扰的良好方法，会使你容光焕发，青春常驻。

幽默能驱走烦恼，幽默可以让烦恼变成欢畅，让痛苦变成欢乐，将尴尬变成融洽。家庭中有了幽默，便有了欢乐和幸福；夫妻间有了幽默，便能相知相契。幽默是生活的调味品，心理健康不可缺少幽默。

笑是心理健康的润滑剂，是生活的一种艺术，它不仅有利于消除心理疲劳，而且可以活跃生活气氛。生活中有了笑声，就有了美的呼吸。在亲友心情不快时，你不妨逗他一笑；自身产生苦恼，你不妨想件亲历的趣事引自己一笑。

音乐可以陶冶情操，人可从音乐中获得力量。听歌不仅是一种美的享受，它还能调节人的情绪。当心情沮丧时，不妨听一曲你所喜爱的歌，它会把你带入另一片天地。

置身花木之中，以花为伴，与花交友，可以使人心舒气爽，忘却心中不快，心中仿佛也会开出五彩鲜花来。为了赏花之便，不妨在阳台或室内育几株花，视它们为伙伴。

运动的好处不言而喻。喜动者可跑步、爬山、打拳、练剑等，喜静者可饱览群书、习字绘画、养花钓鱼、下棋打牌。凭你的兴趣，找一种适合自己的活动方式，学会休闲，适度放松，才能拥有健康的身心。

你会发现另一方洞天，就是阅读。古书典籍、力作精品，都是古今中外名人、伟人和有涵养之人的智慧积淀与结晶。与书为伍，同这些人交友谈心，可使你变得更加睿智、大度和富有才情，还会使你热爱生活，更加珍惜现在拥有的一切。

写作是一种提神益脑的健康生活方式。当你感到有话说而无听众时，当你感到心理压力大又不愿向他人诉说时，不妨就说给自己"听"。把你的痛苦、不满、感慨和心声，诉诸笔头，记录成文。这样可以缓解心理压力，调节心理情绪。

倾诉是一种自我心理调节术。生活不会一帆风顺，向亲朋好友吐露郁积在心头的苦闷，是排解不良情绪的好办法。在"心理梗塞"时，若能及时向值得信任的亲朋好友倾诉，可以在别人的理解中，使自己受挫的心灵得到安抚与慰藉。

在游戏中放松自己。游戏不只属于孩童，它应该陪伴我们走过整个人生。哪里有开心的游戏，哪里就一定充满笑声，少有忧愁。能游戏者，肯定是一个内心有着愉快感的人。游戏还可以丰富家庭生活，密切家庭成员之间的关系。

对痛苦的遗忘是必要的，沉湎于旧日的失意是脆弱的，迷失在痛苦的记忆里是可悲的。遗忘不是简单地抹去记忆，而是一种振作，一种成熟和超脱。忘记生活曾经给自己造成的种种不幸和苦痛，充分享受生活的各种乐趣，让心灵沉浸在现实的快乐之中。

每天抽二三十分钟或更长的时间，盘腿而坐，双目、双唇自然闭合，全身肌肉放松，呼吸均匀，逐渐入静，使纷乱活跃的思维转为平静，并逐步进入若有若无的超然状态。由于入静后人的脑电图清晰有序，大脑皮层处于保护性抑制状态，同时，皮层与皮层下神经的功能协调统一，使整个机体的指挥系统——大脑的活动显得稳定而有节律，因此你会感到身体与内在精神的空前和谐，并油然而生一种难以言传的愉悦。一旦睁眼重返日常状态，顿觉头脑清醒、精力充沛。

现实生活中，人们常常会被一些不愉快的事情所困扰，面临各种压力。适时地让身体放松、为心灵"按摩"不失为一种行之有效的方法。

善待压力从自制开始

要经常锻炼自己，面临的压力不管大小，我们都要有自控能力。只有控制自己，才能控制住压力，让压力在你面前屈服。

有人说，人最难战胜的是自己，这句话的含义是：一个不善待自己的人最大的障碍不是来自于外界，而是自身。力所不能及的事情做不好，可以理解，若自身能做的事不做或做不好，那就是自身的问题，是自制力的问题。

自我控制是一个人成长过程中最重要的个性品质之一，是衡量一个人心理成熟的重要标志。它代表着人对自己与周围环境关系的洞察，对自己适应能力的评价，对自身弱点的关注，并且能够积极地采取措施进行疏导，以适应环境对自己的要求。

要学会善待自己，就应学会控制自己，因为只有这样，你才会始终占主动地位，由自己支配自己的情绪。自制就是要克制欲望，不要因为有点压力就心浮气躁，遇到一点不称心的事就大发脾气。自制力包括两方面：自我激励，以提高活动效率；战胜弱点和消极情绪，实现活动的目的。有人说，一个人要想在事业上取得成功，应该面临许多的压力，才能锻炼自己。

一个善待自己的人，其自制力表现在：大家都在做情理上不能做的事，他自制而不去做；大家都不做在情理上应该做的事，他强制自己去做。做与不做，克制与强制，全在于自己的控制。

自制力是我们达到预期目的的有力保障，有了自制力，规划事情才有实施下去的动力，否则将无从谈起。当然，培养较强自制力是一个循序渐进的过程，需要在日常学习中、生活中积累，从小事做起，时时刻刻约束自己的不良行为。提高自制力，可采用以下几种方法：

首先，要培养良好的品德修养。品德高尚的人才能理性地分析解决问题，才能不被外界的诱惑误导，头脑保持清醒，遇到诱惑能够克制住自己。

其次，要树立远大的人生目标并付诸实践，战国时期苏秦"锥刺骨"的故事，大家应该不会陌生，他凭借自己的决心，不断鞭策自己，最后功成名就。这不正是自制力驱使的吗？

最后，要广交好友，拓宽人际关系。学习并吸收别人的优点，不断充实提高自己，通过对不良事物的认知能力和抵制能力，在潜移默化中远离不良诱惑。

自制力对于增进生理和心理健康，也有重大作用，不能进行情绪控制和行为控制的人，是不会有健康的身体和健康的心理的。

增强自制力，可以使你收获快乐，可以使你更加理智，要想成为有作为的人，那么请你铭记：自制力将是你走向成功的有力保障。所以，善待自己，就要学会控制自己。

第八章

给自己一个"不抱怨的世界"

抱怨生活，不如经营生活

莲花因为污泥，而更庄严清净；鲑鱼因为逆游，而更勇猛奋进；探索者不怕危险困难，因为可以挑战自己的体能极限；参禅者不怕腿酸脚麻，也是向自己的陋习挑战。

现实生活中很多人习惯了抱怨，遇到烦恼抱怨，受了委屈抱怨，遇到困难抱怨……殊不知，抱怨得太多，发泄得太多，生活就会如数还给你，这就是生活的规律。

佛教中有一句偈语："花繁柳密处拨得开，方见手段；风狂雨骤时立得定，才是脚跟。"平静的湖面，从来练不出精干的水手，只有那些经得起生活考验的，才是最好的。

一个修佛的人要想修成正果，必须经历千万重考验，才能真正达到幸福的彼岸；一个红尘俗人，只有承受住生活的考验，才能提升生命的质量。

佛经中记载了这样一则故事：

作恶多端且杀生无数的鸯掘摩在皈依佛门，加入比丘群后，知道过去所做的恶必定要接受上天的磨难，于是请求佛陀给他一段时间，接受身心的考验。

他独自前往荒郊野外，无畏于日晒、雨淋、风吹，在树下静坐，累了就到洞里休息。吃的是树根、野草，穿的是破布缝成的衣服，甚至破烂到全身裸露。

无论是霜雪严冻，还是狂风雨露，都不能动摇他修行的决心，他可以说是苦人所不能苦、修人所不能修。

过了很长时间,有一天,佛陀告诉鸯掘摩:"你身为比丘,应该要走入社会人群。"鸯掘摩听从佛陀的话,跟其他比丘一样到城里托钵。

然而,人们看到他就很厌恶,不但大人辱骂他,连小孩看了他也纷纷躲避。鸯掘摩向一位怀孕的妇人托钵,那妇人突然肚子痛得哀天叫地。

鸯掘摩回到精舍,将经过告诉佛陀。"受人厌弃、咒骂,这些我都不在意,因为我以前做过太多坏事,这是我罪有应得。但是,那位怀孕的妇人一看到我,连胎儿也不得安位,我到底该怎么做才能解除她的痛苦呢?"

佛陀要鸯掘摩再回到那户人家,向妇人腹中的胎儿说:"过去的我已经死了,现在我重生在如来的家庭,已经守戒清净,再也不会杀生了。"果然,当鸯掘摩将此话对那位妇人反复说了三次后,妇人腹中的胎儿就安定下来了。

此后鸯掘摩走入人群托钵,仍然有人用石头和砖块扔他,甚至拿棍子打他,但鸯掘摩都没有怨言,也不躲避。

有一天,佛陀看鸯掘摩全身是血,而且都青肿了,心疼地对他说:"你过去做的恶确实很多,所以得长期接受磨炼。你要时时把心照顾好,耐心地接受这份果报。"

鸯掘摩平静地说:"我过去杀生太多、作恶多端,是罪有应得。只要我不迷失道心,即使生生世世要接受天下人的身心折磨,我也愿意。"

佛陀听了很安慰,赞叹并勉励他自我觉悟,磨尽一切罪业。最终,鸯掘摩修成了正果。

鸯掘摩修行的过程是痛苦且艰难的,如果他一味地抱怨,心就会被困在不停埋怨的牢笼里,但是,选择承受、选择经营心境,就能经受住这个严酷的考验。

人们在生活中都多多少少会遇到一些不顺心的事情。在平静的港湾中生活的人，很难体会到与风浪搏斗的乐趣，也很难享受到成功之后的喜悦。只有在风浪起伏中不抱怨，把握好航船的舵盘，从惊涛骇浪中勇敢穿行而过，才能体会到搏击的快乐。

别把抱怨的"枪口"对准每一个角落

几乎在每一个公司里,都有"牢骚族"或"抱怨族"。他们每天轮流把"枪口"指向公司里的任何一个角落,埋怨这个、批评那个,而且,从上到下,很少有人能幸免。他们的眼中处处都能看到毛病,因而处处都能看到或听到他们的批评和发怒。

杰森刚参加工作时,和公司其他的业务员一样,拿很低的底薪和很不稳定的提成,每天的工作都非常辛苦。他拿着第一个月的工资回到家,向父亲抱怨说:"公司老板太抠门了,给我们这么低的薪水。"慈祥的父亲并没有问具体数字,而是问:"这个月你为公司创造了多少财富?你拿到的与你给公司创造的是不是相称呢?"从此,杰森再也没有抱怨过,既不抱怨别人,也不抱怨自己,更多的时候只是感觉自己这个月的业绩太少,对不起公司给的工资,于是更加勤奋地工作。

两年后,他被提升为公司主管业务的副总经理,工资待遇提高了很多,他时常考虑的仍然是:"今年我为公司创造了多少财富?"有一天,他手下的几个业务员向他抱怨:"这个月在外面风吹日晒,吃不好,睡不好,辛辛苦苦,老板才给我500元!你能不能跟老板建议给增加一些?"他问业务员:"我知道你们吃了不少苦,应该得到回报,可你们想过没有,你们这个月每人给公司只赚回了2000元,公司给了你们500元,公司得到的并不比你们多。"业务员都不再说话。

在以后的工作中,他手下的业务员成了全公司业绩最优秀的员工,他也被老总提拔为常务副总经理,这时他才27岁。去人才市场招聘时,凡是抱怨以前的老板没有水平、给的待遇太低的人他一律不要,他说,播种蒺藜不会收获牡丹，你自己不付出，却想着收获。做事情不知道反思自己，只知道抱怨别人，这种人是做不成大事的。

我们抱怨之前要先反思自己，可是许多人通常都只抱怨，却忽略了自己。

抱怨一般有三种：一种是工作上的抱怨，如抱怨上司不公平、待遇不佳、工作太多、同事不合作，等等；另一种是生活上的抱怨，如抱怨物价太高、小孩不乖、身体不好，等等；还有一种是对社会的抱怨，总是愤世嫉俗，对不公平之事极为不满。

人都有一种正义与刚毅之气，有一种自尊之需，因此难免会对周围的不平之事发泄自己心中的情绪，但你要知道你的抱怨不会给别人带来任何益处。

别人没有听你抱怨的义务，你的抱怨如果与听者无关，只会让对方不耐烦。如果你经常抱怨，下次他看见你便会躲得远远的。

有问题才会抱怨，如果你抱怨的都是一些很小的事情，而且天天抱怨，那就会给人一种"无能"的印象。一个能干之人，如果因为爱抱怨而被人认为"无能"，那不是很冤枉吗？如果你时常抱怨别人，那么你也会被认为是个不合群、人际关系有问题的人，否则为什么别人不抱怨？

对工作的抱怨如果言过其实或无中生有，那么不仅听的人不以为然，不同情你，反而会抵制你，连上司也会对你表示反感。

抱怨不如改变

在现实中，我们难免要遭遇挫折与不公正待遇，每当这时，有些人往往会产生不满，不满通常会引起牢骚，希望以此引起更多人的同情，吸引别人的注意。从心理角度讲，这是一种正常的心理自卫行为。但这种自卫行为同时也是许多人心中的痛，抱怨会削弱责任心，降低工作积极性，这几乎是所有人为之担心的问题。

通往成功的征途不可能一帆风顺，遭遇困难是常有的事。事业的低谷、种种的不如意让你仿佛置身于荒无人烟的沙漠，没有食物也没有水。这种漫长的、连绵不断的挫折往往比那些虽巨大但却可以速战速决的困难更难战胜。在面对这些挫折时，许多人不是积极地去找方法化险为夷，绝处逢生，而是一味地急躁，抱怨命运不公平，抱怨生活给予他的太少，抱怨时运不佳。

奎尔是一家汽车修理厂的修理工，从进厂的第一天起，他就开始喋喋不休地抱怨，"修理这活太脏了，瞧瞧我身上弄的"，"真累呀，我简直讨厌死这份工作了"……每天，奎尔都在抱怨和不满的情绪中度过。他认为自己在受煎熬，就像奴隶一样卖苦力。因此，奎尔每时每刻都窥视着师傅的眼神与行动，稍有空隙，他便偷懒耍滑，应付手中的工作。

转眼几年过去了，当时与奎尔一同进厂的三个工友，各自凭着精湛的手艺，或另谋高就，或被公司送进大学进修，独有奎尔，仍旧在抱怨声中做他讨厌的修理工。

提及抱怨与责任，有位企业领导者一针见血地指出："抱怨是失败的一个借口,是逃避责任的理由。这样的人没有胸怀,很难担当大任。"仔细观察任何一个管理健全的机构,你会发现,没有人会因为喋喋不休的抱怨而获得奖励和提升。这是再自然不过的事了。想象一下,船上水手如果总不停地抱怨:这艘船怎么这么破,船上的环境太差了,食物简直难以下咽,以及有一个多么愚蠢的船长。这时,你认为,这名水手的责任心会有多大?对工作会尽职尽责吗?假如你是船长,你是否敢让他做重要的工作?

如果你受雇于某个公司,发誓对工作竭尽全力、主动负责吧!只要你依然还是整体中的一员,就不要谴责它,不要伤害它,否则你只会诋毁你的公司,同时也会断送自己的前程。如果你对公司、对工作有满腹的牢骚无从宣泄时,做个选择吧。一是选择离开,到公司的门外去宣泄,当你选择留在这里的时候,就应该做到在其位谋其政,全身心地投入到公司的工作上来,为更好地完成工作而努力。记住,这是你的责任。

一个人的发展往往会受到很多因素的影响,这些因素有很多是自己无法把握的,工作不被认同、才能不被重用、职业发展受挫、上司待人不公平、别人总用有色眼镜看自己……能够拯救自己出泥潭的只有自己,与其抱怨不如改变。

比尔·盖茨曾告诫初入社会的年轻人:社会是不公平的,这种不公平遍布于个人发展的每一个阶段。在这一现实面前任何急躁、抱怨都没有益处,只有坦然地接受这一现实并努力去寻求改变的方法,才能扭转这种不公平,使自己的事业有进一步发展的可能。

抱怨让你忽略身边的幸福

有一天，佛陀外出云游，路上遇见一位诗人。这位诗人不但才华横溢且英俊潇洒，而且拥有娇妻爱子，但他却一脸愁云，逢人便抱怨上天对自己不公，总觉得自己不幸福。

佛陀问他："你什么都拥有了，为何还这么发愁，我可以帮你吗？"

诗人回答："的确，在外人的眼中我拥有了很多，但我却缺一样重要的东西，你能给我吗？"

"可以。"佛陀说，"无论你要什么，我都可以给你。"

"是吗？"诗人盯着佛陀，满脸怀疑地说，"我要幸福！"

佛陀想了想，自言自语道："我明白了。"

说完，佛陀施展佛法，把诗人原先拥有的一切全部拿走——毁去他的容貌、夺走他的财产、拿走他的才华，还夺走了他的妻子和孩子的生命。

大约一个月后，佛陀再次来到这位诗人的身边。此时的诗人，已经饿得半死，躺在地上呻吟。佛陀再施佛法，把一切又还给了诗人，然后悄然离去。

半个月后，佛陀再次去看诗人。这一次，诗人搂着妻儿，不停地向佛陀道谢。因为，他已经体会到了什么是幸福。生活中，很多时候我们不正像那位诗人一样吗？明明拥有了很多，却对自己身边的幸福视而不见，还在苦苦寻觅所谓的幸福与快乐。其实生活就是这样，它在无形中就已经给了我们很多东西，是追逐的目光和抱怨的心理使我们不懂得欣赏我们已经拥有的。当失去时，才发现它的珍贵。

艺术大师罗丹说过："生活中并不缺少美，只是缺少发现美的眼睛。"其实，幸福又何尝不是如此，我们的身边不是缺少幸福，而是缺少了感触幸福的心。处在当今社会中，每个人都变得越来越忙碌，很多人都变得越来越势利，人们忙着追求，忙着索取，直至失却了沉静的本能，成为物质的奴隶。

也许有人会说，有谁愿意抱怨啊？你是不了解我的痛苦！确实，生命的苦旅中有无数艰难险阻，甚至让人难以承受。但是抱怨又能怎样呢？而且当你看完了下面的故事，相信大多数人都会明白，我们甚至没有抱怨的资格！

2004年5月的一个晚上，在12000余名听众雷鸣般的掌声中，一位"半身人"用双手撑地，一步步地走上了青岛天泰体育场的主席台。这个半身人来自澳大利亚，名叫约翰·库缇斯，天生没有下肢，但是他却用双手走过世界上190多个国家和地区，被誉为"世界上最著名的残疾人演讲大师"。此外，他还是大洋洲的残疾人网球赛的冠军，是游泳健将，甚至会用两只手开汽车。

"大家好！"打过招呼，库缇斯拿起了桌子上的矿泉水瓶子，边比划边说："从一出生我就是个悲剧，当时我只有矿泉水瓶这么大，两腿畸形，医生断言我活不过当天，可我活到了现在，35岁的我依然健在，而且经常在世界各地旅行……"

库缇斯一口气讲了半个小时，其间，观众们的掌声几乎就没停过。最后，库缇斯突然举起手里的一件东西说："我非常感谢青岛朋友的热情招待，我住的宾馆条件非常好，但有一样东西让我不知所措，服务生却每天都会把它放在我的床头。"说完，库缇斯把他说的东西扔向了听众席，原来是一双一次性拖鞋。

听众席一片肃静。

"如果你能穿拖鞋的话,你是幸运的,你是没资格抱怨的!不是每个人都能够穿拖鞋的!"库缇斯大声说。听众席上立即爆发出一连串的喝彩声,紧接着是长久的掌声。

哲人说:"苦海即是天堂,天堂也即苦海。"想想真是如此,有时候我们明明生活在天堂,却总是觉得自己苦不堪言;而我们所谓的苦海中,却有很多人生活得不亦乐乎。这一切,其实都在于我们的心态是否平和、我们是否足够坚强。最后再问一句:和库缇斯相比,你有没有资格抱怨?如果没有,还是及早放弃抱怨,学会珍惜吧!只要抛开那些无谓的烦恼和杂念,学着去适应、去发现、去感受、去改变,你一定会摆脱抱怨的束缚,找到幸福、快乐的真谛。

不抱怨是一种智慧

在生活中，我们的身边充满了各种各样的抱怨：抱怨孩子不懂事，抱怨家人不体谅自己，抱怨付出多、薪水低，抱怨上级不公平，抱怨公司制度不合理，抱怨人生不如意……有的抱怨是我们说给别人听的，有的抱怨是别人说给我们听的。但是，几乎没有人抱怨过自己：我为什么会有这么多的抱怨呢？

抱怨就像思维的一种慢性毒药。在我们的大脑中毒的同时，我们的人生态度、行动被"抱怨"这种强烈的病毒感染。在抱怨的生活中，我们的意志不断受到消磨，就像"溃堤"的蚂蚁一样，精神之堤瞬间被生活的洪水冲垮。

我们就像陷入了抱怨的泥潭，无法自拔……在抱怨中找不到灵魂的出路，囿于抱怨的牢房，不知道如何走出抱怨的世界，给自己一个完美的世界。

葡萄牙作家费尔南多·佩索阿说："真正的景观是我们自己创造的，因为我们是它们的上帝。我对世界七大洲的任何地方既没有兴趣，也没有真正去看过。我游历我自己的第八大洲。"就像费尔南多·佩索阿说的那样，在生活中，我们才是自己的上帝，我们在创造自己的完美世界。

抱怨还是一种消极的行为方式，因为抱怨表达的是消极信息：挑剔、不满、埋怨、懊悔、烦恼、愤怒，等等，人在抱怨之后并不是轻松了，而是更生气了，而且不仅自己生气，周围的人也跟着不高兴。心理学研究表明，消极情绪会造成免疫力下降，时间长了就容易生病。相反，积极情绪会提高人的免疫力。消极情绪就像黑暗，而积极情绪才是阳光。

抱怨是最消耗能量的无益举动。有时候，我们不仅会针对人，也会针对不同的生活情境表示不满；如果找不到人倾听我们的抱怨，我们还会在脑海里抱怨给自己听。神奇的"不抱怨"运动，来得恰是时候，正是我们现代人最需要的。我们可以这样看，天下只有三种事：我的事，他的事，老天的事。抱怨自己的人，应该试着学习接纳自己；抱怨他人的人，应该试着把抱怨转成请求；抱怨老天的人，请试着用祈祷的方式来诉求你的愿望。这样一来，你的生活会有想象不到的大转变，你的人生也会更加的美好、圆满。

不抱怨是一种智慧，因为你会发现，只有我们才是拯救自己的上帝。远离抱怨的世界，我们才能改变自我，发现一个全新的自己，从而改变自己的命运，收获成功的喜悦和幸福的生活。

第九章
知足常乐,别让太多的欲望压垮了人生

欲望让你的人生烦恼不安

我们接受教育和训练的目的是什么呢？难道是为了得到别人口头上的称赞吗？当然不是，其实在这个世界上真正值得尊重的事情并不是那种无价值的所谓名声，而是根据自己自身恰当的结构推动自己，使自己不屈服于身体的引诱，不被感官压倒，只做自己应该做的事情，而不追求其他多余的东西，即不产生任何欲望。

有人问智者："白云自在时如何？"智者悠然作答："争似春风处处闲！"

那天边的白云什么时候才能逍遥自在呢？当它像那轻柔的春风一样，内心充满闲适，本性处于安静的状态，没有任何的非分要求和物质欲望，放下了世间的一切，它就能逍遥自在了。

如果我们被欲望所俘虏，我们只能使自己的心灵处在一种烦恼不安的状态之中。就好像种植葡萄的人目的在种而不在收，如果还要希望自己的葡萄比别人大、比别人多，那他产生的这种欲望将会使自己失去心灵上的自由。因为他会变得不知足，会变得妒忌、吝啬、猜疑。

县城老街上有一家铁匠铺，铺子里住着一位老铁匠。时代不同了，如今已经没人再需要他打制的铁器，所以，现在他的铺子改卖拴小狗的链子。

他的经营方式非常古老和传统。人坐在门内，货物摆在门外，不吆喝，不还价，晚上也不收摊。你无论什么时候从这儿经过，都会看到他在竹椅上躺着,微闭着眼,手里是一只半导体收音机,旁边有一把紫砂壶。

当然,他的生意也没有好坏之说。每天的收入正好够他喝茶和吃饭。他老了,已不再需要多余的东西,因此他非常满足。

一天,一个文物商人从老街上经过,偶然间看到老铁匠身旁的那把紫砂壶,因为那把壶古朴雅致,紫黑如墨,有清代制壶名家戴振公的风格。他走过去,顺手端起那把壶。壶嘴内有一记印章,果然是戴振公的。商人惊喜不已,因为戴振公在世界上有捏泥成金的美名,据说他的作品现在仅存三件:一件在美国纽约州立博物馆;一件在台湾"故宫博物院";还有一件在泰国某位华侨手里,是那位华侨1993年在伦敦拍卖会,以56万美元的拍卖价买下的。商人端着那把壶,想以10万元的价格买下它,当他说出这个数字时,老铁匠先是一惊,然后很干脆地拒绝了,因为这把壶是他爷爷留下的,他们祖孙三代打铁时都喝这把壶里的水。

虽然壶没卖,但商人走后,老铁匠有生以来第一次失眠了。这把壶他用了近60年,并且一直以为是把普普通通的壶,现在竟有人要以10万元的价钱买下它,他转不过神来。

过去他躺在椅子上喝水,都是闭着眼睛把壶放在小桌上,现在他总要坐起来再看一眼,这种生活让他非常不舒服。特别让他不能容忍的是,当人们知道他有一把价值连城的茶壶后,来访者络绎不绝,有的人打听还有没有其他的宝贝,有的甚至开始向他借钱。他的生活被彻底打乱了,他不知该怎样处置这把壶。当那位商人带着20万现金,再一次登门的时候,老铁匠没有说什么。他招来了左右邻居,拿起一把斧头,当众把紫砂壶砸了个粉碎。

现在,老铁匠还在卖拴小狗的链子,据说,他现在已经106岁了。

这个故事说明,"人到无求品自高",人无欲则刚,人无欲则明。无欲能使人在障眼的迷雾中辨明方向,也能使人在诱惑面前保持自己的人格和清醒的头脑，不丧失自我。在这个充满诱惑的花花世界里，要想真正做到没有一丝欲望，毫无牵挂的确很难。

要想做到"无欲"，首先要有一颗静如止水的心。不受外界事物打扰，坚持走正确的道路，正确地思考和行动，就能消除你的欲望，心淡如水是生命褪去了浮华之后，对生活中那些细微处的感动，只有用感恩的心生活，从而在一种幸福的平静中度过一生，才能在人生感悟之中找寻到生命的意义，才能做到不为"欲"所牵连、不为"欲"所迷惑，在欲望充斥的浊世之中仍能保持心中的一方净土。

保持自己的理性，不为虚妄所动，不为功名利禄所诱惑。才能活得幸福、快乐。

尘世浮华如过眼云烟

人生像一场梦，无定、虚妄、短促，还要承受某些无法避免的痛苦。人生就像天气一样变幻莫测，有晴有雨，有风有雾。无论谁的人生，都不可能一帆风顺，况且，一帆风顺的人生，就像是没有颜色的画面，苍白枯燥。

一个经历过苦难的人，即使他现在的生活依旧被困境所包围，他的内心也不会有太多的痛苦，苦难之于他，早已化为过眼的云烟。生命的诞生即是体味困苦的开始，而因为惧怕苦痛而躲避在尘世之外，则永远也尝不到真正的快乐。

等老了的时候，回过头看看自己走过的路，开心的、伤心的，不都成了过眼云烟吗？一路走过来，会有许多辛酸的泪水，也会有许多欢乐的笑声，当一切成为过去，谁还记得曾经有多痛，曾经有多快乐。

一切都会过去的。那么，对于眼前的不幸，又何必过于执着？尘世的一切荣华富贵，或是苦难病痛，最终都会如云烟般消散，既然如此，无论是幸或不幸，便没有了执着的缘由。

上帝经常听到尘世间万物抱怨自己命运不公的声音，于是就问众生："如果让你们再活一次，你们将如何选择？"

牛："假如让我再活一次，我愿做一只猪。我吃的是草，挤的是奶，干的是力气活，有谁给我评过功，发过奖？做猪多快活，吃罢睡，睡了吃，肥头大耳，生活赛过神仙。"

猪:"假如让我再活一次,我要当一头牛。生活虽然苦点儿,但名声好。我们似乎是傻瓜懒蛋的象征,连骂人也都要说'蠢猪'。"

鼠:"假如让我再活一次,我要做一只猫。从生到死由主人供养,时不时还有我们的同类给他送鱼送虾,很自在。"

猫:"假如让我再活一次,我要做一只鼠。我偷吃主人一条鱼,会被主人打个半死。老鼠呢,可以在厨房翻箱倒柜,大吃大喝,人们对它也无可奈何。"

鹰:"假如让我再活一次,我愿做一只鸡,渴了有水喝,饿了有米吃,住有房,还受主人保护。我们呢,一年四季漂泊在外,风吹雨淋,还要时刻提防冷枪暗箭,活得多累呀!"

鸡:"假如让我再活一次,我愿做一只鹰,可以翱翔天空,任意捕兔捉鸡。而我们除了生蛋、报晓外,每天还胆战心惊,怕被捉被宰,惶惶不可终日。"

女人:"假如让我再活一次,一定要做个男人,经常出入酒吧、餐馆、舞厅,不做家务,还摆大男子主义,多潇洒!"

男人:"假如让我再活一次,我要做一个女人,上电视、登报刊、做广告,多风光。即使是不学无术,只要长得漂亮,一句嗲声嗲气的撒娇,一个蒙眬的眼神,都能让那些正襟危坐的大款们神魂颠倒。"

上帝听后,大笑起来,说道:"一派胡言,一切照旧!还是做你们自己吧!"

人们总渴望没有得到的东西,而对自己所拥有的不加以珍惜。其实,每一个生命的个体之所以存在于这个世界上,自有它存在的意义;每一个人所得的上帝一样不会少给,不该得的,绝不会多给。因此,安心做自己,才是智慧的。

只有安心做自己的人,才能领会放下的大意境,繁华的世态看似好,让人享尽荣华富贵,所以人们不遗余力地追求,为了追求它,人们在不留神之际便沦陷成名利的奴隶,失去快乐的生活。

看得透彻些,活在当下,自在自然,珍惜所拥有的一切,少一些迷茫,多一些坦然,真正的幸福才能不请自来。

看淡名利

看看周围那些你熟知的人,他们之中的一部分可能没有目标,做着一些对自己、对别人都毫无益处的事情,有一点虚名就沾沾自喜。这样的做法是不明智的,相反地,在做事情之前,我们一定要弄清楚自己的本性是什么,之后遵从自己的本性做事情。一定要记住,你做的每一件事都要以这件事情的本身价值来进行判断,不要过分注意哪些鸡毛蒜皮的小事,你将会对命运的安排和生活的赐予感到满足。

居里夫人因取得了巨大的科学成就而天下闻名,她一生获得各种奖章16枚,各种名誉头衔117个,但她对此全不在意。

有一天,她的一位朋友来访,发现她的小女儿正在玩一枚金质奖章,而那枚金质奖章正是大名鼎鼎的英国皇家学会刚刚颁给她的。这位朋友不禁大吃一惊,忙问:"居里夫人,能够得到一枚英国皇家学会的奖章是极高的荣誉,你怎么能给孩子玩呢?"

居里夫人笑了笑说:"我是想让孩子从小就知道,荣誉就像玩具,只能玩玩而已,绝不能够永远守着它,否则将一事无成。"

1921年,居里夫人应邀访问美国,美国妇女为了表示崇拜之情,主动捐赠1克镭给她,要知道,1克镭的价值是在百万美元以上的。

这是她急需的。虽然她是镭的母亲——发明者和所有者(但她放弃为此而申请专利),但她买不起昂贵的镭。

在赠送仪式之前,当她看到《赠送证明书》上写着"赠给居里夫人"的字样时,她不高兴了。她声明说:"这个证书还需要修改。美国人民赠送给我的这1克镭永远属于科学,但是假如就这样规定,这1克镭就成了我的私人财产,这怎么行呢?"

主办者在惊愕之余,打心眼儿里佩服这位大科学家的高尚人品,马上请来律师,把证书修改后,居里夫人这才在《赠送证明书》上签字。

居里夫人的成就在科学史上是空前的,可是她早就看淡了名利,这并不是每个人都能做到的。人的行为都是受欲望支配的,可欲望是无穷的,尤其是对于物质的占有欲,更是一个无底深渊。现实生活中,到处都充满诱惑,人的占有欲往往就这样被强烈地激发出来。但是,虽然人们承认欲望的客观存在,并不代表肯定欲望本身,欲望的永无休止只会给我们带来更深重的灾难,所以我们竭力要避免和舍弃的正是在欲望的支配下对名利无休无止的渴望。

认识到了本性的人,早就放弃了对名利的追求,即使他们偶然获得了荣誉,也完全不放在心上,只会淡化自己对于名利的渴望和与人攀比的虚荣。

放弃生活中的"第四个面包"

　　非洲草原上的狮子吃饱以后，即使羚羊从身边经过，也懒得抬一下眼皮；瑞士的奶牛也是一样，只要吃饱了肚子，它就闲卧在阿尔卑斯山的斜坡上，一边享受温暖的阳光，一边慢条斯理地反刍。

　　有一位作家非常赞赏瑞士奶牛和非洲狮子的生存哲学。他说，假如你的饭量是三个面包，那么你为第四个面包所做的一切努力都是愚蠢的。

　　王立有一个做医生的朋友，几年前王立到一个宾馆去开会，一眼瞥见领班小姐，貌若天仙，便上前搭讪。小姐莞尔一笑，用一种很不经意的口气说："先生，没看见你开车来哦！"他当即如五雷轰顶，大受刺激，从此立志加入有车族。后来朋友和王立在一起吃饭，几杯酒下肚之后，朋友告诉王立，准备把开了一年的"昌河"小面包卖掉，换一辆新款的"爱丽舍"。然后又问王立买车了没有，王立老老实实地回答，还没有，而且在看得见的将来也没有这种可能性。他同情地看着王立："唉！一个男人，这一辈子如果没有开过车，那实在是太不幸了。"

　　这顿饭让王立吃得很惶惑。因为按他目前的收入水平，买辆"爱丽舍"，他得不吃不喝地攒上好几年。更糟糕的是，若他有一天终于买上了汽车，也许在他还没有来得及品味"幸福"滋味的时候，一个有私人飞机的家伙对他说："作为一个男人，没开过飞机太不幸了！"那他这辈子还有救吗？

　　这个问题让王立坐立不安了很长时间。如何挽救自己，免于堕入"不幸"的深渊，让他甚为苦恼。直到有一天，他无意中看到这样一段话：有菜篮子可提的女人最幸福。因为幸福其实渗透在我们生活中点点滴滴的细微之处，人生的真味存在于诸如提篮买菜这样平平淡淡的经历之中。我们时时刻刻拥有着它们，却无视它们的存在。

王立恍然大悟。原来他的朋友在用一个逻辑陷阱蓄意误导他：没有汽车是不幸的。你没有汽车，所以你是不幸的。但这个大前提本身就是错误的，因为"汽车"与"幸福"并无必然的联系。

在一个成功人士云集的聚会上，王立激动地表达了自己内心深处对幸福生活的理解："不生病，不缺钱，做自己爱做的事。"会场上爆发了雷鸣般的掌声。

成功只是幸福的一个方面，而不是幸福的全部。人们对"成功"的需求是永无止境的，没完没了地追求来自外部世界的诱惑——大房子、新汽车、昂贵服饰等。

两千多年前，苏格拉底站在熙熙攘攘的雅典集市上叹道："这儿有多少东西是我不需要的！"同样，在我们的生活中，也有很多看起来很重要的东西，其实，它们与我们的幸福并没有太大关系。我们对物质不能一味地排斥，毕竟精神生活是建立在物质生活之上的，但不能被物质约束。

面对这个已经严重超载的世界，面对已被太多的欲求和不满压得喘不过气的生活，我们应当学会用生活的减法，把生活中不必要的繁杂除去，让自己过一种自由、快乐、轻松的生活。

功成身退任自如

天上月圆月缺,地上花开花谢,海水潮涨潮落,四季暑往寒来。人生也与这变化中的万物一样,难以永恒,就像登上山顶看完壮丽的日出就要下山一样,当壮志已酬之时,也就是含蓄收敛,急流勇退的时候了。

庄子曾讲过一种"真人",他恬淡无为,行事适可而止,功成名就时态度依然平静如常。"真人"的人生既是乐观的又是高明的。他们虽然站在最高的位置,也有很高的成就,但他们所做的一切并非源自欲望,而是为了天下而为之。所以贡献的一切从来不需要别人的感恩戴德,且会在合适的时机全身而退。

历来能够"功遂,身退,天道"的风流人物,是让人深深佩服的。南怀瑾曾在《功成身退数风流》一文中说,"功遂,身退,天道"的几字真言,在一般人眼中总觉得消极意味太浓。然而,大家只是忘记观察自然界的"天之道"的原因。仔细看天道,日月经天,昼出夜没,暑往寒来,都是很自然的"功遂,身退"正常现象。

植物世界如草木花果,都是默默无言完成了自己的使命,然后悄然消逝;动物世界一代交替一代,谁又能不自然地退出生命的行列呢?如果有,那是人类的心不死,不肯罢休,妄图占有,然而妄想违反自然,何其可悲。

功成身退乃天之道,入世时心怀天下,出世时不留一念,这才是正确的处世态度。许多人一面身在世外,心却不肯走,往往自惹烦恼和祸患。

例如东晋的抱朴子葛洪和南朝齐梁之际的陶弘景。葛洪早早抽身，自求出任"勾漏令"，以宦途当作隐遁的门面，暗暗地修炼者自己的仙道，得以善终；而陶弘景更是及早地名冠"神武门"，每天优哉乐哉地山中玩乐，做了个地道的"山中宰相"，满足自己精神上的追求。

韦睿是汉丞相韦贤的后裔，后来跟随了梁武帝，屡次升迁至侯爵的地位。梁武帝北伐时期，韦睿奉命统部北伐，屡建奇功，他虽身体奇弱，却用兵如神，敌人对他畏惧万分。

一次，前方军情告急，梁武帝派遣亲信曹景宗与他会师。韦睿对曹景宗执礼甚谨，每每有军事上的胜利，均让曹景宗去领功，自己则从不争功。在与曹景宗赌博的时候，韦睿也故意输给他，好不引起景宗对他的嫉恨。

梁武帝知道韦睿厉害，所以一般不委以重任，对他始终心存顾忌。好在韦睿自知苟活乱世需要圆融的手段，退隐山林不是上策，积极进取、争名逐利也不是上策，所以即便成功之时仍深自谦退，以免猜忌。所以，韦睿平平安安地活到了79岁得以善终，遗嘱上要求穿薄服葬，也不要陪葬品。在他身死之后，梁武帝总算被他的诚信感动了，来到他坟前痛哭流涕，为他完成了最后的挽歌。

也许生活中有许多华丽的舞台在等待你，但这些舞台未必总是尽如人意般美好，也许它就是暴露你弱点的契机，让你在不知不觉间沦陷。就比如秦代的名相李斯。当初他贵为秦相时，"持而盈"，"揣而锐"，最后却以悲剧告终。临刑之时，他才对其子说："吾欲与若复牵黄犬，出上蔡东门，逐狡兔，岂可得乎？"他临死才幡然醒悟，渴望带着孩子过着牵狗逐兔的返璞归真生活，在平淡中找寻幸福，但却悔之晚矣。

进一步，容易；退一步，难。成功有时易得，安然退却成难事。少数人看透功名的实质，重视过程，淡看结果，终能悠然反航，而许多人还沉迷于名利的旋涡，越陷越深，何其可悲！

第十章

有一种心态叫舍得,有一种境界叫放下

智慧的人懂得适时放手

我们都有过这样的经历：

——亲戚送了一盒上等绿茶，舍不得喝，放了很久，却没有想到保存不当，等拿出来喝时才发现受潮发霉了，只好扔掉。

——朋友送了一件质地良好的风衣，却因为太喜爱而舍不得穿。等有一天拿出来时，却发现自己的身体已由亭亭玉立而变得臃肿，那件风衣自己竟然无法再穿上了。

——朋友出差时送了一盒当地特产的糕点，舍不得吃，待下决心将它"消灭"掉时，却发现早已过了保质期。

……

同样的道理，在我们或长或短的一生中，很多东西也是不能保存，而必须尽量享受的。只有宽心的人，懂得适时松手的人，才能真正体会到生命的快乐。

下面这个小故事就说明了这个道理。

从前有个财主，他对自己地窖里珍藏的葡萄酒非常自豪——窖里保留着一坛只有他才知道的、某种场合才能喝的陈酒。

州府的总督登门拜访。财主提醒自己："这坛酒不能仅仅为一个总督启封。"

地区主教来看他，他自忖道："不，不能开启那坛酒。他不懂这种酒的价值，酒香也飘不进他的鼻孔。"

王子来访，和他同进晚餐。但他想："区区一个王子喝这种酒过分奢侈了。"

甚至在他亲侄子结婚那天,他还对自己说:"不行,接待这种客人,不能拿出这坛酒。"

一年又一年,财主死了。

下葬那天,那坛陈酒和其他酒一起被搬了出来,左邻右舍的邻居把酒统统喝光了。但谁也不知道这坛陈年老酒的久远历史。

对他们来说,所有喝进肚子里的仅仅是酒而已。在条件允许的情况下,我们应该尽量享受生活,没有必要像苦行僧似的,总是一味地虐待自己。懂得享受生活的人,比一般人更能感觉到生活的乐趣和人生的幸福。

想想你现在,是否也是放弃了手中的一切,仅仅为了那坛普普通通的酒?

有的人喜欢贪图别人的财富,有的人却放弃了自己的财富。贪图别人财富的人,必将在获得的同时付出更多的代价,而主动舍弃的人,却可能得到加倍的馈赠。

保持一颗平常心,波澜不惊,生死不畏,于无声处听惊雷,超脱眼前得失,喜怒哀乐,收放自如,才能体会到"采菊东篱下,悠然见南山"的自在。

著名的钢琴大师鲁宾斯坦有一次送给朋友一盒上等雪茄,朋友表示要好好珍藏这一特别的礼物。"不,不要这样,你一定要享用它们,这种雪茄如人生一样,都是不能保存的,你要尽快享受它们。没有爱和不能享受人生,就没有快乐。"钢琴大师对朋友说。

钢琴大师的话寓含深奥的人生哲理,我们每个人都有必要读懂它,运用它。放手已有的东西,才能将新的东西握到手中。

得到未必幸福，失去未必痛苦

痛苦常常由欲望而生，追寻的时候苦于没有得到，得到的时候却又害怕失去。欲望太多，又怎么能活得快乐呢？

有一只木车轮因为被砍下了一角而伤心郁闷，它下决心要寻找一块合适的木片重新使自己完整起来，于是它开始了长途跋涉。

不完整的木车轮走得很慢，一路上，阳光柔和，它认识了各种美丽的花朵，并与草叶间的小虫攀谈；当然也看到了许许多多的木片，但都不太合适。

终于有一天，车轮发现了一块大小形状都非常合适的木片，于是马上将自己修补得完好如初。可是欣喜若狂的轮子忽然发现，眼前的世界变了，自己跑得那么快，根本看不清花朵美丽的笑脸，也听不到小虫善意的鸣叫。

车轮停下来想了想，又把木片留在了路边，自个儿走了。失去了一角，却饱览了世间的美景；得到想要的圆满，步履匆匆，却错失了怡然的心境，所以有时候失也是得，得即是失。也许当生活有所缺陷时，我们才会深刻地感悟到生活的真实，这时候，失落反而成全了完整。

从上面的故事中我们不难发现，尽善尽美未必是幸福生活的终点站，有时反而会成为快乐的终结者。得与失的界限，你又如何准确地划定呢？当你因为有所缺失而执着追求完美时，也许会忘却头顶那一片晴朗的天空。据说，爱斯基摩人捕猎狼的办法世代相传，非常特别，也极有效。严冬季节，他们在锋利的刀刃上涂上一层新鲜的动物血，等血冻住后，他们再往上涂第二层血；再让血冻住，然后再涂……

就这样，刀刃很快就被冻血掩藏得严严实实了。

然后，爱斯基摩人把血包裹住的尖刀反插在地上，刀把结实地扎在地上，刀尖朝上。当狼顺着血腥味找到尖刀时，它们会兴奋地舔食刀上新鲜的冻血。融化的血液散发出强烈的气味，在血腥的刺激下，它们会越舔越快，越舔越用力，不知不觉所有的血被舔干净，锋利的刀刃就会暴露出来。

但此时，狼已经嗜血如狂，它们猛舔刀锋，在血腥味的诱惑下，根本感觉不到自己的舌头被刀锋划开的疼痛。

在北极寒冷的夜晚，狼完全不知道它舔食的其实是自己的鲜血。它只是变得更加贪婪，舌头抽动得更快，血流得也更多，直到最后精疲力竭地倒在雪地上。生活中很多人都如故事中的狼，在欲望的旋涡中越陷越深，又像漂泊于海上饮海水的人，越喝越渴。

可见，得与失的界限，你永远也无法准确定位，自认为得到的越多，可能失去的也会越多。所以，与其把生命置于贪婪的悬崖峭壁边，不如随性一些，洒脱一些，不患得患失，做到宠辱不惊，保持自己的理智。

坦然地面对一切，享受人生的一切，世事无绝对，得到未必幸福，失去也不一定痛苦。

想抓住的太多,能抓住的太少

俗话说,人心不足蛇吞象。永不满足的欲望一方面是人们不懈追求的原动力,成就了"人往高处走,水往低处流"的箴言;另一方面也诠释了"有了千田想万田,当了皇帝想成仙"的人性弱点。

在生活中,人们总喜欢抓点什么,房子、金钱、名利……抓得世界五彩缤纷,抓得自己精疲力竭。

唐代文学家柳宗元曾写过一篇名为《蝜蝂传》的散文,文中提到了一种善于背负东西的小虫蝜蝂,它行走时遇见东西就拾起来放在自己的背上,高昂着头往前走。它的背发涩,堆放到上面的东西掉不下来。背上的东西越来越多,越来越重,不肯停止的贪婪行为,终于使它累倒在地。

人心常常是不清净的,之所以混乱是因为物欲太盛。人生在世,很难做到一点欲望也没有,但是物欲太强,就容易沦为欲望的奴隶,一生负重前行。每个人都应学会轻载,更应学会知足常乐,因为心灵之舟载不动太多负荷。

从前,一个想发财的人得到了一张藏宝图,上面标明在密林深处有一连串的宝藏。他立即准备好了一切旅行用具,他还找了四五个大袋子用来装宝物。一切就绪后,他进入那片密林。他斩断了挡路的荆棘,蹚过了小溪,冒险冲过了沼泽地,终于找到了第一个宝藏,满屋的金币熠熠夺目。他急忙掏出袋子,把所有的金币装进了口袋。离开这一宝藏时,他看到了门上有一行字:"知足常乐,适可而止。"

他笑了笑,心想:有谁会丢下这闪光的金币呢?于是,他没留下一枚金币,扛着大袋子来到了第二个宝藏,出现在眼前的是成堆的金条。他见状,兴奋得不得了,依旧把所有的金条放进了袋子,当他拿起最后一根金条时,上面刻着:"放弃下一个屋子中的宝物,你会得到更宝贵的东西。"

他看了这句话后,更迫不及待地走进了第三个宝藏,里面有一块磐石般大小的钻石。他发红的眼睛中泛着亮光,贪婪的双手抬起了这块钻石,放入了袋子中。他发现,这块钻石下面有一扇小门,心想,下面一定有更多的东西。于是,他毫不迟疑地打开门,跳了下去,谁知,等着他的不是金银财宝,而是一片流沙。他在流沙中不停地挣扎着,可是他越挣扎陷得越深,最终与金币、金条和钻石一起长埋在流沙下了。

如果这个人能在看了警示后立刻离开,能在跳下去之前多想一想,那么他就会平安地返回,成为一个真正的富翁。物质上永不知足是一种病态,其病因多是权力、地位、金钱之类引发的。这种状态如果发展下去,就是贪得无厌,其结局是自我毁灭。如星云大师所言,世间一切我们能抓住的只是很少的一部分,又何苦为了抓住更多从而失去更多呢?

所以,生活中的我们应该明白,即使你拥有整个世界,你一天也只能一日吃三餐。这是人生感悟后的一种清醒,谁真正懂得它的含义,谁就能活得轻松、过得自在,白天知足常乐,夜里睡得安宁,走路感觉踏实,蓦然回首时没有遗憾!

《伊索寓言》中有这样一句话:"有些人因为贪婪,想得到更多的东西,却把现在所拥有的也失掉了。"人赤条条地来到这个世界上,不可能永久地拥有什么。现代西方著名的经济学家凯恩斯曾经说过,从长期来看,我们都属于死亡,人生是这样短暂,即使身在陋巷,我们也应享受每一刻美好的时光。

善于取舍的智慧

懂得放弃才有快乐，背着包袱走路总是很辛苦。中国历史上，"魏晋风度"常受到称颂，在人世的生活里，有一分出世的心情，是一种不把心思凝结在一个死结上的心态。

我们在生活中，时刻都在取与舍中选择，我们又总是渴望取，渴望占有，常常忽略了舍，忽略了占有的反面：放弃。懂得了放弃的真意，也就理解了"失之东隅，收之桑榆"的含义。多一点儿中和思想，静观万物，体会与世界一样博大的诗意，就会懂得适时地放弃，这正是我们获得内心平衡和快乐的好方法。

每个人都有自己的发展道路，都要面临无数次的抉择。当机会到来时，只有那些树立远大人生目标的人，才能作出正确的取舍，把握自己的命运。

树立了远大目标，面对人生的重大选择就有了明确的衡量准绳。孟子曰："舍生取义。"这是他的选择标准，也是他人生的追求目标。唐代诗人李白曾有过"仰天大笑出门去，我辈岂是蓬蒿人"的名句，潇洒之中，透出自己建功立业的豪情壮志。凭借生花妙笔，他很快名扬天下，做了翰林学士。

但是一段时间之后，他发现自己不过是替皇上点缀升平的御用文人。这时的李白就面临一个选择，是继续安享荣华富贵，还是浪迹天涯呢？以自己的追求目标作为衡量标准，李白毅然选择了"安能摧眉折腰事权贵，使我不得开心颜"，弃官而去。一些看似无谓的选择，其实是奠定我们一生重大抉择的基础，古人云："不积跬步,无以至千里;不积小流,无以成江海。"无论多么远大的理想、多么伟大的事业,都必须从小处做起,从平凡处做起,所以对于看似琐碎的选择,也要慎重对待,考虑选择的结果是否有益于自己树立的远大目标。

  学习之余放松一下不会影响什么。确实,劳逸结合对学习来说是十分必要的。但是,学习任务没有完成就去玩游戏,快要考试天天玩而不复习,这样下去就会陷入享乐的诱惑中不能自拔,进取心就会逐步丧失。一些中、小学生痴迷于电子游戏,由旷课发展至逃学,甚至夜不归宿,有的还陷入犯罪的深渊。他们当初也认为自己只是暂时放松一下,但慢慢地,便忘记了自己的远大目标,身陷迷途。所以,我们应该学会正确地取舍。

不要害怕放弃

人生在世，有许多东西是需要放弃的。在仕途中，放弃对权力的追逐，随遇而安，得到的是宁静与淡泊；在淘金的过程中，放弃对金钱无止境的掠夺，得到的是安心和快乐；在春风得意、身边美女如云时，放弃对美色的占有，得到的是家庭的温馨和美满。

苦苦地挽留夕阳，是愚人；久久地感伤春光，是蠢人。什么也不放弃的人，往往会失去更珍贵的东西。放弃是一种境界，大弃大得，小弃小得。

"得"与"失"总是形影不离。俗话说："万事有得必有失。"得与失就像小舟的两支桨、马车的两个轮，相辅相成。失去春天的葱绿，却能收获丰硕的金秋；失去阳光的灿烂，却能收获小雨的缠绵……佛家讲："舍得，舍得，有舍才有得。"失去是一种痛苦，但也是一种幸福。

国王有5个女儿，这5位美丽的公主是国王的骄傲。她们那一头乌黑亮丽的长发远近皆知，所以国王送给她们每人10个漂亮的发夹。有一天早上，大公主醒来，一如往常地用发夹整理她的秀发，却发现少了一个发夹，于是她偷偷地到二公主的房里，拿走了一个发夹。

当二公主发现自己少了一个发夹，便到三公主房里拿走一个发夹；三公主发现少了一个发夹，也如法炮制地拿走四公主的一个发夹；四公主只好拿走五公主的发夹。于是，最小的公主的发夹只剩下9个。

隔天，邻国英俊的王子忽然来到皇宫，他对国王说："昨天我养的百灵鸟叼回一个发夹，我想这一定是属于公主们的，而这也真是一种奇妙的缘分，不知道百灵鸟叼回的是哪位公主的发夹？"

公主们听到了这件事，都在心里说："是我掉的，是我掉的。"可是自己头上明明完整地别着10个发夹，所以都懊恼得很，却说不出口。只有小公主走出来说："我掉了一个发夹。"话才说完，一头漂亮的长发因为少了一个发夹，全部披散下来，王子不由得看呆了。

故事的结局，当然是王子与公主从此一起过着幸福快乐的日子。

这个故事告诉我们，如果你不可能什么都得到，那么你应该学会舍弃。生活有时会逼迫你不得不放弃一些东西。然而，舍弃并不意味着失去，因为只有舍弃才会有另一种获得。

要想采一束清新的山花，就得舍弃城市的舒适；要想做一名登山健儿，就得舍弃娇嫩白净的肤色；要想穿越沙漠，就得舍弃咖啡和可乐；要想获得掌声，就得舍弃眼前的虚荣。梅、菊放弃安逸和舒适，才能得到笑傲霜雪的艳丽；大地舍弃绚丽斑斓的黄昏，才会迎来旭日东升的曙光；春天舍弃芳香四溢的花朵，才能走进硕果累累的金秋；船舶舍弃安全的港湾，才能在深海中收获满船鱼虾。

人生要学会放弃，并敢于放弃一些东西，因为，生命之舟不可超载。"水往低处流是为了积水成渊，降落是为了新的起飞，所以我喜欢一次次将自己打入谷底。"

下文是北京某饭店老板王欣在一次接受媒体采访时的一段话。他的职业生涯确实也证明了他"放弃"与"再次起飞"的哲学。

"我是1987年大学毕业的，学的是外贸英语专业。我被分配到一家大型国有企业。那是一份很安逸、令很多人羡慕的工作。可是没多久，我就很苦恼。那是一成不变的日子，这样的日子让我感到很压抑，我不甘心自己的热情被一点点地吞噬。

"苦恼归苦恼，但是真要作出抉择还是要下很大决心的。因为生活在体制中，它会给人一种安全感，虽然这种安全感是要付出代价的。在犹豫不决中过了3年后，我终于下决心离开，因为如果再耗下去，我可能就会失去离开的决心和重新开始的信心。"

这在当时来讲，无疑是疯狂而没有理智的表现。因为王欣的辞职无异于将自己打到了最底层：一个没有单位，没有固定工资，没有任何社会保障的境地。

不久，她去了一家在北京的英国公司。上班的第一天，公司负责人将王欣叫到他的办公室，将两盒印有她名字的名片和一张飞机票交给她说："公司派你去上海开辟市场，你明天就走。"

王欣一下就蒙了，没想到刚上班，就给了她这么一个艰巨的任务，而且公司负责人说："你什么时候把上海市场打开了，什么时候回来。"这其实是给她下了军令状，她没有退路了。人就是这样，当知道自己没有退路时，反而会激发出连自己都难以想象的能量。在上海的那两年，是很辛苦的两年。

生活中没有绝对的对与错，所谓的对与错很大程度取决于你的价值取向。我们必须在纷繁琐碎中学会搜索与选择，如果我们不喜欢某个选择或结果，就应该立刻摒弃，重新进行新一轮的选择并获得新的结果。

一艘超载的轮船是无法安全到达彼岸的。一个人的时间和精力是有限的，必须懂得放弃，才能得到自己最想要的东西。

其实，人生有所得必要有所失，只有学会舍弃，才有可能登上人生的高峰。你之所以举步维艰，是因为背负太重；之所以背负太重，是因为你还没学会放弃。你放弃了烦恼，便与快乐结缘；你放弃了利益，便步入超然的境地。

勇于选择，果断放弃

生活中，左右为难的情形会时常出现，比如面对两份同时具有诱惑力的工作，两个同时具有诱惑力的追求者。为了得到其中"一半"，你必须放弃另外"一半"。若过多地权衡，患得患失，到头来将两手空空，一无所得。我们不必为此感到悲伤，能抓住人生"一半"的美好已经是很不容易的事情。

两个朋友一同去参观动物园。动物园非常大，他们的时间有限，不可能参观到所有动物。他们便约定：不走回头路，每到一处路口，选择其中一个方向前进。

第一个路口出现在眼前时，路标上写着一侧通往狮子园，一侧通往老虎山。他们琢磨了一下，选择了狮子园，因为狮子是"草原之王"。又到一处路口，分别通向熊猫馆和孔雀馆，他们选择了熊猫馆，熊猫是"国宝"……

他们一边走，一边选择。每选择一次，就放弃一次，遗憾一次。因为时间不等人，如不这样做他们遗憾将更多。只有迅速做出选择，才能减少遗憾，得到更多的收获。

面对选择和取舍时，必须要有理性、睿智和远见卓识，不可鼠目寸光，不可急功近利，更不可本末倒置，因小失大。选择不是一锤子的买卖，不能因为一粒芝麻丢了西瓜；不能因为留恋一棵小树而失去整片的森林。

很多时候，我们总是在选择这个的时候，害怕错过那个，于是拿起来又放下，到最后一刻还在犹豫，所以迟迟下不了决心，或者选择之后，又来回地更改，在这样患得患失间耽搁了不少时间，浪费了不少精力。世界上没有十全十美的东西，每一样东西都会有它自身的弱点，所以，当你选择之后就大胆地往前走，不要一步三回头，否则会影响你前进的进程。

而那些事业有成之士，总会在抉择之后坚定地走下去。鲁迅选择拯救人的灵魂，成为一代文豪；迈克尔·乔丹放弃了棒球运动员的梦想，成为世界篮坛上最耀眼的"飞人"球星；帕瓦罗蒂放弃了教师职业，成为名扬世界的歌坛巨星……

有些选项看似诱人，但如果不适合自己，那就要果断舍弃。做出什么样的选择，要视自身条件和具体情况而定，要有主见，不能人云亦云。

人生的大多数时候，无论我们怎样审慎地选择，终归都不会是尽善尽美，总会留有缺憾，但缺憾本身也是一种美。

社会大舞台上，每个人都是自己生活的编导兼演员。只有学会正确地进行选择，果敢地舍弃，才能演绎出精彩的人生喜剧。

紧紧攥住黑暗的人永远都看不到阳光

很多人都希望自己获得更多,却不愿意将自己已经获得的东西放手。可是生活常常是这样:如果不舍弃黑暗,就看不到阳光;如果不舍弃小的利益,就换不来更大的收获。

1984年以前,青岛电冰箱厂生产的冰箱按产品质量分为一等品、二等品、三等品、等外品四类。原因就是在那个时候中国刚刚改革开放,物品缺乏造成市场非常好,只要产品还能用,就可以堂而皇之地送出厂门,而且绝对有市场,绝对卖得掉。就连等外品都能够销售得出去。实在卖不了的产品,就给员工自用,或者送货上门半价卖掉。

然而,在1985年4月事情发生了改变。张瑞敏收到一封用户的投诉信,投诉海尔冰箱的质量问题。于是,张瑞敏到工厂仓库里去,把400多台冰箱,全部做了检查之后,发现有76台冰箱不合格。为此,恼火的张瑞敏很快找到质检部,让其看看这批冰箱怎么处理?其说既然已经这样,就内部处理算了。因为以前出现这种情况都是这么办的,加之当时大多数员工家里都没有冰箱,即使有一些质量上的问题也不是不能用呀。张瑞敏说,如果这样的话,就是说还允许以后再生产这样的不合格冰箱。这么办吧,你们质检部门搞一个劣质工作、劣质产品展览会。于是,他们搞了两个大展室,在展室里面摆放了那些劣质零部件和那76台不合格的冰箱,通知全厂职工都来参观。员工们参观完以后,张瑞敏把生产这些冰箱的责任者和中层领导留下,并且问他们:你们看怎么办?结果大多数人的意见还是比较一致,都是说内部处理。

但是,张瑞敏却坚持说,这些冰箱必须就地销毁。他顺手拿了一把大锤，照着一台冰箱就砸了过去。然后把大锤交给了责任者，转眼之间，把76台冰箱全都砸烂了。

当时，在场的人一个个都流泪了。虽然一台冰箱当时才800多元钱，但是，员工每个月的工资才40多块钱，一台冰箱就是他们两年的工资！

通过这件事情以后，员工们树立起了一种观念，谁生产了不合格的产品，谁就是不合格的员工。一旦树立这种观念，员工们的生产责任心迅速增强，在每一个生产环节都不敢马虎，精心操作。"精细化，零缺陷"变成全体员工发自内心的心愿和行动，从而使企业奠定了扎实的质量管理基础。经过4年的艰苦历程，也就是1988年12月，海尔获得了中国电冰箱市场的第一枚国内金牌，把冰箱做到了全国第一。

如果当年海尔人都攥着眼前的利益不放，不肯砸烂那些不合格的冰箱，那么，就不会有海尔集团日后的崛起，更不会有如今的声誉。可见，只有肯舍弃的人，才可能获得更多。那些紧紧攥着手里的东西不放的人，也只能是故步自封，得不到更好的发展。

第十一章

有一种幸福叫感恩

感恩是对生命的一种珍惜

人们常说：懂得感恩的人，懂得珍惜，就容易得到幸福。那么，感恩到底是什么？幸福又是什么？

有一个善良的人，死后来到天堂，做了天使。他当了天使后，仍然时常到凡间帮助人，希望人们能感受到幸福。

一日，天使遇见一个农夫，农夫的样子非常苦恼。农夫对天使说："我家的水牛刚死了，没它帮忙犁田，那我怎能下田耕作呢？"

于是，天使赐给他一头健壮的水牛。农夫很高兴，天使在他身上感受到幸福的滋味。

又一日，天使遇见一个流浪者。流浪者非常沮丧地对天使说："我的钱被骗光了，没法回乡。"

于是，天使给了他一些路费，流浪者很高兴，天使在他身上感受到幸福的滋味。

"一个人要对于昨天的日子感到快乐，对明天感到有信心。"你如果做到这样那就是幸福了。其实，幸福只是一种内在的感受：在某一刹那，心中的某一根隐秘的弦忽然被牵动，泛出圈圈甜美的满足感，那便是幸福。

但有很多人却忽略了这种感觉，把追求幸福当成了一项事业，结果反而离幸福越来越远，越来越觉得空虚，越来越不快乐。

曾经有一个贵族青年，有一天他突然想离开家乡，去寻找他想要的幸福。因为有一位大师跟他说:"幸福是一只青色的鸟,有着世界上最美妙清脆的歌喉,如果找到它,就要把它马上关进一个黄金做成的笼子里,这样,你就能得到你想要的幸福了。"

他听了这位大师的话,不顾父母的苦苦挽留,就带了一个黄金笼子踏上了寻找那只代表幸福的青鸟之路。英勇的年轻人一路上遇到许多艰难险阻,但是他都没有退却,只因为在他心中有"幸福"支撑着他的梦想。他经过了许多国家,得到了很多以前从没看过、从没听过的知识,成了一个见多识广的人。

一路上,他抓过很多青色的鸟,但是总在放进黄金鸟笼后,鸟便不知什么原因就死去了。他知道,那不是他想寻找的幸福。

后来,黄金鸟笼变得旧了,他也不再年轻。他突然强烈地想念远方的父母。于是,他就回到了自己的家乡,回家后发现已是物是人非。他的父母早在他离去没多长时间,就因为过度悲伤和思念而离开了人世。

无家可归的青年在荒凉的街头落寞地走着。这时,一个鬓发斑白的老人拉住了他的衣角,盯着他怀里的黄金鸟笼子。

"大师!"青年认出了他,失声叫道。

"孩子,我对不起你,我真不应该让你去寻找青鸟。"老人难过地说道,他从破旧的口袋里掏出了一件物品,"这是你父母在去世前让我交给你的,他们要你好好珍藏。"说完,大师便摇着头,哀伤地离去了。

青年一看,原来那是父亲为他雕的一只黄莺。在这一刻,所有的回忆都在他脑中涌现,青年流出了悲伤的眼泪,他把这只木鸟紧紧地抱在怀中,十分懊悔。突然,他感到怀里的木鸟动了动,叫出了声音,他愣了一下,那就是幸福的青鸟,但他还没来得及将它放进黄金鸟笼,一不留神就让它飞走了。

人总是很奇怪,拥有幸福的时候总是不知道珍惜,每每要到失去后,才懂得珍惜。其实,幸福就在你的面前。

肚子饿的时候,有一碗热腾腾的面条放在你面前,就是幸福。

筋疲力尽的时候，躺在软软的床上，就是幸福。

痛哭的时候，旁边有人温柔地递来一张纸巾，就是幸福。

幸福本没有绝对的定义，平常的一些小事也能撼动你的心灵，幸福与否，只在于你怎么看待。

在你的生命过程中，有过很多人、很多事，不管是现在、过去还是未来，只要你心怀感恩，用爱心浇筑，你就会拥有幸福。

感恩，就是一种幸福。

感恩是一种付出

感恩是一种付出。只有你付出爱心，你才能收获希望。在别人困难的时候，毫不犹豫地伸出救援的双手；在别人迷茫无助时，敞开怀抱让他们依靠……无私奉献你的爱，你收获的将是别人的感动和铭记，还有一颗因满足而幸福的心。

一个美丽的圣诞前夜，哥特的哥哥送给他一辆新车作为圣诞礼物。圣诞节那天，哥特从办公室出来时，看到一个小男孩在他闪亮的新车旁走来走去，并不时触摸它，满脸羡慕的神情。

哥特饶有兴趣地看着这个小男孩。从他的衣着来看，他的家境显然不是很好。就在这时，小男孩抬起头，问道："先生，这是你的车吗？"

"是啊，"哥特说，"这是哥哥送给我的圣诞礼物。"

小男孩睁大了眼睛："这是你哥哥送你的，而你不用花一分钱？"

哥特点点头。小男孩说："哇！我希望……"

哥特原以为小男孩希望自己也能有一个这样的哥哥，但小男孩却说："我希望自己也能当这样的哥哥。"

哥特深受感动地看着这个男孩，问他："要不要坐我的车去兜风？"

小男孩惊喜万分地答应了。

上车之后，小男孩对哥特说："先生，能不能麻烦你把车开到我家门前？"

哥特微微一笑，他理解小男孩的想法：坐一辆大而漂亮的车子回家，在小朋友面前是很神气的事。但他又想错了。

"麻烦你停在两个台阶那里，等我一下好吗？"

小男孩跳下车，三步并作两步地跑上台阶，进入屋内。不一会儿他出来了，并带着他的弟弟。这个小孩因患小儿麻痹症而跛着一只脚。小男孩把弟弟安置在下边的台阶上，紧靠着他坐下，然后指着哥特的车子说："看见了吗？就像我刚才跟你讲的一样，很漂亮是不是？这是他哥哥送给他的圣诞礼物，他不用花一分钱！将来有一天我也要送你一部和这一样的车子，这样你就可以看到我一直跟你讲的橱窗里那些好看的圣诞礼物了。"

哥特的眼睛湿润了，他走下车，将小男孩的弟弟抱到车子前排的座位上。小男孩的眼睛里闪着喜悦的光芒，也上了车。于是3个人开始了一次令人难忘的假日之旅。

在这个圣诞节，哥特明白了一个道理：给予比接受更令人快乐。

很多人都只是一味地索取，他们快乐吗？当他们贪得无厌地掠取利益时，他们丧失了宝贵的东西。而懂得付出的人就像那个小男孩一般，不仅感动了别人，更让自己快乐。付出，并不是没有收获，它会让你得到更美好的东西。

或许，我们的付出不能立刻得到回报，但日子久了，不经意间，一抬头，你会惊喜地发现，自己曾经播下的种子已经长成一棵大树，上面有好多鸟儿在歌唱。懂得帮助他人的人，他将会越过堵在前面的高墙，走进春意盎然的花园，得到幸福和快乐！这种幸福是心中的天堂，不断地耕耘才能收获。它就在你我心中，而不必在大千世界里苦苦地求索。付出本身，便是一种回报。

世界上最珍贵的不是金钱、不是权利、不是名誉，也不是任何外在物质，而是一颗金子般的心。心的安宁与美好，才是真正的幸福所在。即使你拥有世界上一切的财富，也不一定幸福。只有给予和付出，你才能得到幸福。那位有金子般爱心的孩子便得到了这种巨大的幸福。

海伦·凯勒曾说:"任何人出于他的善良的心,说一句有益的话,发出一次愉快的笑,或者为别人铲平坎坷不平的路,这样的人就会感到欢欣是他自身极其亲密的一部分,以致使他终身去追求这种欢欣。"在生活中,一个表情、一句问候、一个眼神、一件小事,都可以让我们感动,因为这种小小的付出后面,蕴藏的是一片真挚的爱心。罗曼·罗兰说过:"快乐不能靠外在的物质和虚荣,而要靠自己内心的高贵和正直。"

感恩,是一份对万物都无私付出的爱心,对于爱,付出便是得到,感恩,便是这样一种付出。

心中有爱，才能感恩

一个印度哲人说："就像母亲疼爱自己的孩子，照料他、保护他、教育他一样，你们每一个人，都要在自己身上种植、培养和爱护那世上最宝贵的东西：对他人和对一切有生命者的爱。"

爱是人类最基本的情感，爱你的父母长辈、爱你的妻子丈夫、爱你的亲朋好友、爱你的同事、爱你的上司下属、爱你的客户和你自己、爱你周围的一切。如果没有爱心，你还拥有什么？你将会失去热情、失去责任、失去希望、失去梦想，你的人生将变得毫无意义；心中有爱，这个世界才会变得美好。

人只有通过付出才能实现其人生价值，为我们的社会、我们的祖国、我们的民族，我们贡献出自己的一分微薄之力，这样我们就无愧于心。请用我们的生命和爱，和痛苦的人分享我们的快乐，和贫穷的人分享我们的财富，和孤独的人分享我们的热情，和残疾的人分享我们的双手。心中有爱，才能感恩这个美好世界。

人间处处充满了"爱"的召唤，爱是人生永恒的主题。

爱是什么？是歌声，是翅膀，是春天的暖风和冬天的瑞雪，是根深叶茂的大树和潺潺的溪水，是被弹拨的吉他，是被低吟的短诗，是腮边一滴感动的泪珠和热唇上的轻吻，是画布上的彩虹，是黄昏的炊烟，是遥远的地平线上出现的霞彩……

只有心中有爱的人，才会变得可爱。他乐于帮助别人，他总是用自己的愉快感染周围的人，他给需要笑声的人带来欢乐，驱走烦恼和忧愁，他走到哪里都会受到欢迎。他是那么善良，那么坦诚，是爱给了他人格的魅力和精彩。

爱是一种博爱，它可以包含世界上一切的东西。他爱事业，爱荣誉，爱老人和孩子，爱自己的国家和民族，爱世界和人类，爱自然界里一切的生命和小桥流水。他从自己的爱里面享受着光荣和骄傲，享受着风和日丽，享受着美好与诗意。

爱是多么神圣和美好。一个人如果没有爱，就像失去了生命一般。那么，他只是行尸走肉，只是木头或是机械。他会生活在麻木中，如果他有知觉，那么他感觉到的就一定是无尽的痛苦和郁闷。生活成了苦酒，白天成了黑夜，人群成了沙漠。他还有什么可期待、可翘首、可梦想的呢？一个人没有爱，他就什么都没有了。

席慕蓉曾写下这样一段文字："想一想要多少年的时光才能装满这一片波涛起伏的海洋？要多少年的时光才能把山石冲蚀成细柔的沙粒，并且均匀地铺在我们的脚下？要多少年的时光才能酝酿出这样一个清凉美丽的夜晚？要多少多少年的时光啊！这个世界才能等候我们的来临？"

优美的文字，唯美的意境，但更美的是文字中所蕴藏的深沉而真挚的爱：这样充满爱的心灵，这样充满感恩的心灵，常常让我们感动良久。拥有如此美丽心灵的人必定会用自己全部的热情、全部的精力去回报社会，回报这美丽的世界。

只因心中有爱，才能感恩这个世界，回报一片赤诚之心。

白天给了我们阳光，我们要抛开烦恼，尽情微笑，不然就辜负了这温暖和明朗。夜晚给了我们月光，我们应该在宁静而幽远的月光中静静沉思：我是否给他人带来了幸福？在清冷的月光中，心灵的尘埃会被月色涤荡，混浊的眼睛会被月光之水洗得明亮。自然是如此的美妙而多情，我们面对这自然之美，全身心投入到它的怀抱，真诚地赞美它、爱护它。

父母赐予我们生命，并以深沉如大海般的父爱、温暖如阳光般的母爱哺育我们成长，我们在无言的感动中体会到了"血浓于水"的亲情。

朋友给了我们友谊，他们用信任抚平我们的伤痛，用理解融化心灵之冰，用真诚为我们带来一方明亮的天空，我们在友情的香气中知道了世上有一株永不凋零的花。

社会赋予我们成长与智慧，用风雨磨炼我们的意志，让我们傲然于天地间。回报社会是每个人的天职，青春、智慧、热血，甚至生命是人生不息的咏叹。只有用赤诚之心回报社会，才能焕发出灿烂夺目的光彩。关外牧羊的苏武、出塞和亲的王昭君、"中原北望气如山"的陆游、"踏破贺兰山阙"的岳飞、"我以我血荐轩辕"的鲁迅……他们名垂青史缘于一种山河梦、家国情，缘于一种义不容辞的豪迈，一种令人神往的激情，一种感恩的情怀。

心中有爱，我们才能用感恩之心看世界，我们会让父母欣慰，让朋友快乐。用感恩之心看世界，我们会平添几分信心，增长几分激情，热情回报社会。

让我们用微笑面对生命，轻轻地说：我懂得回报，我会让爱我的人因我而幸福。

感恩，让我们坦然面对人生的坎坷

美国著名潜能开发大师席勒有一句名言："任何苦难与问题的背后都有更大的祝福！"他常常用这句话来激励学员积极思考，由于他时常将这句话挂在嘴边，连他的女儿——一个非常活泼的小姑娘在念小学的时候就可以朗朗地附和他念这句话。

有一次，席勒应邀到外国演讲。就在课程进行当中，他收到一封来自美国的紧急电报：他的女儿发生了一场意外，已经被送往医院进行紧急手术，有可能要截掉小腿！他心慌意乱地结束课程，火速赶回美国。到了医院，他看到女儿躺在病床上，一双小腿已经被截掉。

这是他第一次发现自己的口才完全派不上用场了，笨拙地不知如何来安慰这个热爱运动、充满活力的天使！

女儿好像察觉了父亲的心事，告诉他："爸爸，你不是常说，任何苦难与问题的背后都有更大的祝福吗？不要难过！"他无奈又激动地说："可是！你的脚……"

女儿又说："爸爸放心，脚不行，我还有手可以用呀！"两年后，小女孩升入了中学，并且再度入选垒球队，成为该联盟有史以来最厉害的全垒球王！

"任何苦难与问题的背后都有更大的祝福！"席勒的女儿说出这句话时，是以一种感恩的心态来说的。

你有权选择自己的生活，敞开胸怀拥抱世界，也许你没有办法改变外在的现实环境，但你可以改变自己的心态。

你可以把自己的人生变成欢乐喜剧，也可以变成痛苦不堪的悲剧，一切都由你决定。

有一个女孩常常对父亲抱怨自己遇到的事情总是那么艰难，她不知道该如何应对，好像一个问题刚解决，新的问题就又出现了。

一天，父亲把她带到厨房，把水倒进三口锅里，然后用大火煮，不久锅里的水就烧开了。

父亲在第一口锅里放进了胡萝卜，第二口锅里放入鸡蛋，最后一口锅里则放入研磨成粉状的咖啡豆。他小心地将它们放进开水里煮，但一句话也没说。

女儿见状，一直嘟嘟囔囔，很不耐烦地等着，不明白父亲到底要做什么。

大约20分钟后，父亲把炉火关掉了，把胡萝卜和鸡蛋分别放在碗内，然后把咖啡舀到一个杯子里。

做完这些后，父亲这才转过身问女儿："亲爱的，你看见什么了？"

"胡萝卜、鸡蛋和咖啡。"她回答。

父亲让她靠近些，让她用手摸摸胡萝卜，她发现胡萝卜变软了。接着，他又让女儿拿着鸡蛋并打破它，将壳剥掉，她看到了煮熟的鸡蛋。

最后，父亲让她喝一口咖啡。当品尝到香浓的咖啡时，女儿笑了。

她怯声问："父亲，这意味着什么？"

父亲回答说："这三样东西都是在煮沸的开水中，但它们的反应却各不相同：胡萝卜入锅之前是强壮结实的，但进入开水后，它就变得柔软了；而鸡蛋本来是易碎的，只有薄薄的外壳保护着，但是一经开水煮熟，它的内部却变硬了；至于粉状咖啡豆则很特别，进入沸水之后，彻底改变了水的特质。"感恩就如这咖啡豆一般，在苦难的煎熬下，散发出香浓的芬芳。

有人说，上帝像精明的生意人，给你一分天才，就搭配几倍于天才的苦难。这话不假。上帝绝不肯把所有的好处都给一个人，给了你美貌，就不肯给你智慧；给了你金钱，就不肯给你健康；给了你天才，就一定要搭配点苦难……当你遇到不如意的事时，不必怨天尤人，更不能自暴自弃，而是用一种感恩的心告诉自己：我们都是被上帝咬过的苹果，只不过上帝特别喜欢我，所以咬的这一口更大罢了。

　　世上每个人都是被上帝咬过一口的苹果，都是有缺陷的人。只要你相信，自己是"被上帝咬过一口的苹果"，你就能坦然面对人生坎坷，欣然迎接未来的生活。

施与爱心,体现生命价值

生命的最大价值是向他人施与爱心,我们的人生好坏,往往不是由自己评定的。别人和社会是我们的参照物,我们只有学会付出,施与爱心,才能体现出我们的人生价值。对于一个有给予心的人来说,别人对于他所提供帮助的那些小事比他曾经做过的那些大事记得更清楚,在他脑海中会留下更深的印象。

英国诗人勃朗宁说:"我是幸福的,因为我爱,因为我有爱。"从小到大,我们都生活在一个爱的世界里,每天都感受着来自周围的爱,这个世界如果没有爱,将会变成一片荒芜的沙漠。

曾经有一位女子,她看到有3个留着长长的白胡子的老者站在她家的门前。她从来没有见过他们。

她跟他们说:"虽然我不认识你们,但我想你们一定饿坏了,如果不介意,就请进到里面来吃点东西吧!"

"男主人在家吗?"他们问道。

"没有!"她说,"他出门了!"

"那我们不能进去。"他们回答说。

到了傍晚,她的丈夫回到了家。她告诉了他白天发生的事。

"去告诉他们我回来了,让他们进来吧。"

于是,女子到外面邀请他们进屋。

"我们不能一起走进一间房子。"他们说。

"为什么呢?"她有点迷惑地问。

其中的一位老人指着其中的一位回答说:"他的名字叫'财富',"

接着他指着另一位说,"他是'成功',而我是'爱'。你进去和你丈夫商量商量,你们想要我们哪一位进到你们家。"

这个女子走进屋子并告诉丈夫他们所说的话。她的丈夫笑着说:"太好了!既然如此,我们就邀请'财富'进来,让他进来使我们家充满财富吧!"

女子不同意,对丈夫说:"亲爱的,为什么不邀请'成功'呢?"

他们的女儿在屋里听到他们的对话,也过来提出自己的建议:"邀请'爱'进来不是再好不过的吗?我们家将因此充满了爱!"

"让我们接受女儿的建议吧!"丈夫说。

"好!邀请'爱'当我们的客人。"

女子走到外面问那3位老人:"哪一位是'爱'?请进来当我们今晚的客人吧!"

"爱"站起来并走向屋子,其他两位老人也站起来跟随着他。

女子惊讶地向着"财富"和"成功"说:"我只请了'爱',为什么你们也要进来?"

3位老者一起回答说:"如果你只请'财富'或是'成功',那么,另外两人将留在外面。但是既然你邀请了'爱','爱'到哪里,我们就会跟到哪里。哪里有爱,哪里就会有财富和成功!"

爱是一粒种子,只要你把它种在自己心中,用心浇灌,它就会带给你美丽的果实——成功与财富。

只有施与爱心才能体现出生命的最大价值,这是追求成功者需要的感恩心态。爱的巨大力量可以巩固和完善我们的优良品格,懂得这一人生秘密的人往往抓住了通行于世界的根本原则,能够认识到世间事物的美好与真实性,并过上幸福的生活。

无论发生什么,都应该直面生命,用健康的、快乐的、乐观的思想去直面生命,都应该满怀希望,坚信生命中充满了阳光。传播成功思想、快乐思想和鼓舞人心思想的人，无论到哪里都敞开心扉，真诚地爱他人，去宽慰失意的人，安抚受伤的人，激励沮丧泄气的人。他们是世界的救助者，是负担的减轻者。施与别人的同时，我们也回报了自己。

当关爱的思想治愈疾病、为创伤止痛的时候，当那些与此相反的心态带来痛苦、郁闷和孤独的时候，我们就真正领悟到了博爱的真谛。施与爱心，便是在你心中种下一粒美好的种子，让它成长为你人生价值的参天大树。

不要把拥有视为理所当然

　　静爱吃菠萝，却不会削菠萝。

　　静和枫谈恋爱时，第一次削菠萝给枫吃。静削菠萝的手法很特别，逆着削，而且削下去许多果肉。枫看了，笑着夺去她手里的菠萝，说等她削好了，他便没的吃了。从此，枫不再让静削菠萝，其实是怕她伤着自己的手。

　　经历了爱情的长跑后，他们走进了婚姻的殿堂。婚后的生活很甜蜜。静不会做家务，枫几乎包揽了他力所能及的一切。静喜欢写作，业余的大部分时间都用在了爬格子上。每次她写东西时，枫都会放她喜欢听的音乐，然后坐在一边，默默地削一个菠萝。枫的菠萝削得很棒，就像一件雕刻的艺术品。削完之后，他还细心地将菠萝切成小块，插上牙签。静觉得他削的菠萝是世上最好吃的，因为有种特殊的味道。

　　静的写作一直不太顺，作品大部分石沉大海，少数有回音的也只收到微薄的稿酬。虽然静为此感到气馁，却依然不肯放弃。

　　静的境遇一直到遇到吴言才有所改变。吴言是一家出版社的编辑，在一次写作研讨会上，他们相识了。吴言不凡的谈吐给她留下了深刻的印象，而她的美丽大方像一张明媚耀眼的风景片定格在了吴言的眼里。

　　在吴言的指导下，静迎来了事业的新契机，很快她便成了圈里公认的才女，并受到广泛的关注。不久后她的第一本书出版了，销量一路看涨，她沉浸在幸福的喜悦中。吴言的博学、才干以及一个成熟男人的魅力，让静的感情出了轨。虽然她知道不会有什么结果，因为吴言是一个有家的人。可是她还是爱上了吴言，就像当初迷上写作一样。

　　这份冲动的爱情让静打算做一个决定——与枫离婚。那晚，静坐在电脑旁,一个字也没有写出,几次话到嘴边又咽下,因为她有满腹的心事难以启齿。枫看出了她的犹豫,正在削的菠萝皮忽然自手中断落,他不知是在怎样的心情下听完她离婚的理由,手中的菠萝皮不停地断落、断落,一不留神,刀尖扎进了他的手指,血顺着手指流了下来,他感到心里阵阵疼痛。可是,他依然削好菠萝细细地切成小块让她吃。她接过,在咬下第一口的时候,眼泪忽然流了出来,原本好吃的菠萝在她的嘴里竟然没有了味道。

爱静的枫为了她而同意了离婚,她在感到轻松的同时,隐隐的疼痛开始在她的心里生长,这种隐痛慢慢生长成为心灵的煎熬,让她难以忍受。因为她以为自己是在理智的状况下选择了爱情而放弃这段婚姻,她以为她做到了对感情负责,但令她感到奇怪的是,她并没因这份爱情而感到心灵愉悦。而很多时候,在不经意的瞬间,她总会想起他,想起他为她削菠萝的样子,心里有一种割裂开来的痛楚。自从她离开他以后,她再没有吃过菠萝,因为每次拿起菠萝,她便会想起他们的婚姻。

可是,有一天她还是忍不住拿起了菠萝,她学着像他那样连刀不断地去皮,原来是那样难,一不小心就会被菠萝上的硬皮刺到,那是一份怎样的耐心呢?她终于理解了他对她的那份感情,明白了她想要在婚姻中得到的东西是什么,但是她在拥有时没能珍惜,等到回首,却已永远地失去了。

小说中的"她",因为忽略了这份"理所当然"的爱,而错失了人生中最大的幸福。

每一份爱的付出都应该得到回报,不论是亲情还是爱情、友情,因为它们是每个人生命中所能感受到的最真挚、最浓烈的爱,无私且神圣。所以,请不要把你所拥有的幸福视为理所当然的,而应该理解、重视,并对这份爱充满感恩之心。

在这些感情中,最容易被忽视的往往是亲情,父母养育子女,子女赡养父母,这是人世间的准则,受道德和法律的约束,更是人与生俱来的天性。然而，所有的父母，他们在为子女付出时从来不会思及道德或法律，这种付出是不需要任何理由和前提的。同时，这种付出也完全超越了道德和法律规定的范围，他们付出的是全部，甚至还有生命。

很多时候，我们对伟大的亲情并无深刻的体会，甚至处在一种无意识状态，认为父母的一切给予都是理所当然的，自己也心安理得地接受。有些孩子往往不在意父母的辛劳，花钱大手大脚，生活中只想到自己的感受，稍有不如意便表现出强烈的不满。据统计，70%的孩子吃父母买给自己的零食时不知礼让父母，只顾自己吃；父母病了，50%的孩子不端水，不递药，不过问，全然不记得自己生病时父母无微不至的照顾；98%的学生要求父母给自己庆祝生日，但98.2%的学生不知道哪天是父母的生日；更有甚者，某些高三学生竟让母亲给自己端洗脚水。有时候，也许有必要列出一份清单，记录父母在孩子成长过程中的每一次付出，在这份爱的清单面前，孩子一定会受到教育和启发。

不要把你所拥有的幸福视为理所当然，为所有的爱列一份清单，让它们永远存在我们的生命中。

感恩对手

西方有这样一句谚语:"感谢你的敌人吧,是他们使你变得如此坚强。"这句话说得颇有道理,因为朋友会在危难时帮你一把,而敌人却可在危难时成就你。

你应该感谢你的敌人,因为在与敌人的周旋中,你才愈来愈经得起考验,愈来愈坚强。

在动物世界中,天敌的存在往往会让一个物种繁盛,而没有天敌的物种则会走向灭亡。没有天敌的动物往往最先灭绝,有天敌的动物则会逐步繁衍壮大。

大自然中的这一规律在人类社会也同样存在。有一位在金融界工作的人,在一家公司做基金研究员时,主管老是看他不顺眼,处处刁难他,而且,当主管邀请办公室的同事下班后到他家吃火锅时,还总是"不小心"地将他忘掉。这个人给自己打气的方式是,去更高级的地方吃更高级的火锅,比他还享受!主管要给他难堪,谁知他更得意!并且这位主管分配给他的基金总是冷门商品,让他很难有业绩上的表现,但是他也不生气。现在,这个人说:"还好他这样对我,否则我现在只能在那里做研究分析。"这位主管的态度逼使他走出另一条路来,现在,他在另一家公司的行销企划部如鱼得水。"很感谢他对我的刁难。"这个人说。

歌德说:"世间万物无一不是隐喻。你所与之为敌的人就是你的一面镜子,从中可以窥探你自己的胸襟与气魄。"人的胸襟有多大,成就就有多大,争一时不如争千秋,更何况你怎么知道,上帝的安排不是要让你扛起更大的责任呢？

一种动物如果没有对手，就会变得死气沉沉。同样，一个人如果没有对手，那他就会甘于平庸，最终碌碌无为。

有了对手，才会有危机感，才会有竞争力。有了对手，你便不得不发愤图强，不得不革故鼎新，不得不锐意进取。否则，就只有等着被吞并、被替代、被淘汰。

许多人都把对手视为心腹大患，眼中钉、肉中刺，恨不得马上除之而后快。其实只要反过来仔细一想，便会发现拥有一个强劲的对手，反倒是一种福分、一种造化。

所以在现实生活中，不要埋怨那些令你跑得很累的人。恰恰是他们，才能使你跑得更快。好好感谢他们吧！

善待生命的每一分钟

非洲有一个部落,婴儿刚生下来就"获得"60岁的寿命,从60岁算起,随着婴儿长大,以后逐年递减,直到零岁。人生大事都得在这60年内完成,此后的岁月便颐养天年了。

好独特的计岁方法,人生不过是我们从上苍手中"借来"的一段岁月而已,过一年"还"一岁,直至生命终止。可惜我们常会产生这样一种错觉:日子长着呢!于是,我们懒惰,我们懈怠,我们怯懦……无论做错什么,我们都可以原谅自己,因为来日方长,不管什么事放到明天再做也不迟。

但终有一日,死亡的阴影笼罩了我们,这时我们才悚然而惊:糟了,总以为将来还长着呢,怎么死亡说来就来了。那些未尽的责任怎么办?那些未了的心愿怎么办?那些未实现的诺言怎么办……可面对死亡通知书,人们只能踏上那条不归路。追悔也罢,遗憾也罢,那个早已写好的结局无人能够更改。面对即将降临的死神,也许人们会在迷迷糊糊中想起"譬如朝露,去日苦多"的感叹,想起"少壮不努力,老大徒伤悲"的教诲,可一切都悔之晚矣。

生命既是借来的一段光阴,当然是过一天少一天了。而面对自己日渐减少的寿命,谁又能无动于衷呢?那个倒着计岁的非洲部落,他们的人生智慧真是令人惊叹。

每过一分钟,我们便会失去生命中的一分钟。

有人算过这样一笔账:假如人能活70岁,而每天睡觉8小时,那么70年会睡掉204 400小时,合8 517天,为23年零4个月。这样,人还剩下46年零8个月的时间。此外,闲聊、发呆等时间,再加上退休后不工作的时间,约合36年零2个月。如此算来,一个人活到70岁,自己只有10年零6个月的时间可以用来做些事。更何况人们并不是人人都能活到70岁。

由此看来,我们能真正拥有的时间寥寥无几。树枯了,有再青的机会;花谢了,有再开的时候;燕子去了,有再回来的时刻;然而,人的时间一旦逝去,就如覆水难收,难以挽回。

因此,时间对于我们每一个人来说都是最宝贵的财富,要珍惜时间,爱惜生命,利用好你生命中的每分每秒。

又有人这样计算时间,人的一生其实只有3天:昨天、今天、明天。昨天已逝,明天未至,而我们要面对的只有今天。

李大钊说过一句话:"我认为世间最宝贵的是'今',最易失去的也是'今'。"很多人都喜欢憧憬明天,渴望明天的太阳和今天不一样;也有一些人常常徘徊在昨天的绿洲里流连忘返,但是它们却忽略了今天。是的,也许明天很好、很美,明天的太阳比今天的灿烂辉煌。可是,"明日复明日,明日何其多",一个人如果不懂得珍惜今天的时光,又怎么能谈得上珍惜明天的光阴呢?

"今天"与"生命"聊天,"生命"问:"过得怎么样?"

"今天"答道:"到现在为止,今天是我最好的一天!"

"生命"为"今天"的答案感到吃惊。

"你最好的一天?""生命"用一种惊诧的口气重新问道。

"是的。""今天"迅速而且又充满信心地回答。

"生命"又问了一遍:"你确定吗?"

"是的。""今天"再一次确认。

"今天"能感觉到"生命"并不相信他讲的是真话。当然,他知道

"生命"相不相信并不重要，重要的是他自己相信。

"生命"问他："你怎么能说今天是到现在为止你最好的一天呢？你结婚那天呢？难道不比今天更好吗？"

"今天"答道："我一直而且将永远记得我结婚那天，我的妻子是多么快乐。我也记得第一个孩子出生的情景。我还记得在甜品店喝奶昔，意识到自己还能做事。我记得给一只眼睛看不见的小鸭子喂食的那天。我也记得我和儿子一起爬上奥林匹亚山那天，我们一起欣赏这美丽的世界。我一直记得当我看见刚刚犁过的、黑色的、潮湿的、肥沃的泥土，等着我们播种的那天。我还记得在学年手册上读到学校里最传统的女孩儿写的评语，说我是高年级最好的男孩子。我还记得有个女孩对我说她尊重我，而我告诉自己，我也尊重自己。我记得那天船长公正地对待我。我记得海军军官说我不能参军，而母亲仁慈地告诉我说还有希望。我也记得其他两万多个美好的日子，每一天都成就了现在的生活。那些天里，一定有许多天可以排在我好日子列表的前面，但没有一天是最好的一天，它们中的任何一天都只能排第二。"

对工作充满感恩

我们可以为一个陌生人的点滴帮助而感激不尽,却无视朝夕相处的老板的种种恩惠。我们总是把公司、同事对自己的付出视为理所当然,还时常牢骚满腹、抱怨不止,也就更谈不上恪守职责了。

感恩是一种良好的心态,是一种奉献的精神,当你以一种感恩图报的心情工作时,你会工作得更愉快,你会工作得更出色。

或许我们的每一份工作或每一个工作环境都无法尽善尽美。但每一份工作中都存有许多宝贵的经验和资源,如失败的沮丧、自我成长的喜悦、热心的工作伙伴、值得感谢的客户等,这些都是工作成功必须体验的感受和必须具备的财富。如果你能每天怀着一颗感恩的心情去工作,在工作中始终牢记"拥有一份工作,就要懂得感恩"的道理,你一定会收获很多。

如果你能带着一种从容坦然、喜悦的感恩心情工作,你会获取很大的成功。懂得感恩的人有一种深刻的认识,你的工作为你提供了一个广阔的发展空间,也为你提供了施展才华的场所,对于工作,你要心存感激,并力图回报。回报工作对你的这些"厚爱",只需要你做到一点:"忠诚。"

你要喜爱你的工作,全心全意、不留余力地让自己的工作做到完美,完成你的任务。同时注重提高效率,多替你的公司发展规划构思设想。

当人满怀感激、忠心地工作时,公司一定会为你设计更辉煌的前景。

第十二章

由心出发,创造成功幸福的人生

心态的惊人力量

生活给你怎样的回馈，取决于你以怎样的态度对待生活。

现在做出口贸易的张女士讲过她亲身经历的事情：

上学时期，我很喜欢做数学的解答题，觉得一条一条地列出"因为所以"，然后得出最终答案是一件很有意思的事情，就像小时候和小伙伴们捉迷藏一样，最终把他们找出来的那种欣喜，可以让自己感到无比自豪。因为可以从数学中找到自己的乐趣，所以，我的数学很好。

似乎很多东西都有对立面，就像有喜欢就一定有不喜欢一样。是的，我不喜欢英语，超级不喜欢，那些长长短短的字母密密麻麻地摆在一起，感觉脑子都大了，无论老师怎样苦口婆心地讲解，我还是无法打心眼里喜欢上英语，自然而然，我的英语成绩很差。忘了是什么时候，我收到了一张明信片，是哪里的景色我已经不记得了，但是写在上面的那一行行漂亮得不得了的英文字母，却深深地刻在了我的脑海里。原来，那些曾经讨人厌的字母竟然可以美得如同一幅画。从那之后，我渴望接近英语的心变得欢喜而迫切，等到期终考试的时候，我的英语成绩竟然破天荒地得了 90 分。

看了张女士的故事，你是否也在惊讶心态所起到的巨大作用？

我们常说：念由心生。往往你认为自己是什么样的人，就将成为什么样的人。烦恼与欢喜，成功和失败，良善与邪恶，仅在于一念之间，而这一念即是心态。我们生活在这个大千世界中，受影响的因素有很多，因此，心态也决定于很多方面。比如，同样的生活环境，同样的教育背景，为什么有人可以很成功，工作出色，生活美满，而有的人忙忙碌碌却无所作为，经济拮据，只能维持生计？人与人为什么有这么大差距？到底是什么因素在影响着我们，并决定了我们每个人不同的命运？

面对这些问题，许多人往往把主要原因都归结为外界条件，认为自己之所以没有这么优秀，是因为没有好的家世背景、没念名牌大学、没有好的工作机遇，等等。他们只会用消极悲观的心态来抱怨生活和命运的不公平，却从来没有审视过自己是用怎样的态度来对待生活的，更不用说激发心态的巨大潜能去创造奇迹了。

其实，我们具有什么样的心态，就会有什么样的人生。要知道，决定你一生成败的关键因素就是心态。试想一下，如果你连自己事业不顺心、生活不如意的根本症结都搞不清楚，你还能奢望得到成功的事业和美满的生活吗？这个问题的答案，清清楚楚地写在我们每个人的心中。

世界上最重要的人就是你自己，所以，请不要轻易怜悯你自己，一定要相信自己。

每一个人成功的能量源自于对梦想、价值观和痛苦的凝聚，我们要对自己有信心，鼓励自己穿过重重阻碍，实现自身的价值，这一过程中的种种经历，会刺激我们心态的张力，而这种张力往往能够爆发巨大的能量。

怎样能够使自己有一个好心态，并能获取好心态潜在的惊人力量呢？

这就需要我们不断地去追求内心的充实，并且获得较高的文化素养，正如辩证法所说，内因和外因相互转化。内因和外因又是什么呢？内因是人的内功，概括为：知识广，品德正，能力强，发挥佳。外因就是通过内因来表达情感，激情外在的一种流露。往大的方面说这是一个人的德行修为，与佛家修行中表现出的"以静为动，以退为进，以无为有，以空为乐"的心态同出一脉。人的一生，在和世间万事万物打交道的过程中，充满了太多的变化和不可预知，如何改变，让自己变得更好更强大，这就要从自身所具备的条件出发，而自身条件的形成，是进步发展的基础，只有奠定好这个基础，我们才能真正成为具有个性的、快乐并强大的人。

寻找良好的心态，把这种心态投入到我们对人生、对梦想的追求中，会让我们感受到内心的坦然，孔子有言："知其不可为而为之，知其难为而勉力为之。"而我们需要的就是这种坚韧与执着的心态，有了这种坦然和慷慨进取的人生态度，我们就有了向成功人生冲刺的惊人力量。

"贵族心态",圆满人生的保证

心态的好坏,会直接影响到个人能力的发挥和行动的效果,并进一步决定一个人一生的命运。时下很流行的一个词叫作"贵族心态",还引发了不少人的讨论。其中有褒有贬,看法不一。其实,贵不贵族不重要,重要的是我们可以不是贵族出身,但要有一种积极的、阳光的"贵族心态"。

一个落魄的印度人流浪到了英国,他想在这里谋取一份工作,但每次应征都因为其貌不扬、没有文凭而被拒之门外。就这样,三个月过去了,他依然奔波在求职的路上。

有一天,他来到一家饭店,恳求经理收留他。但是饭店由于经营惨淡,正面临裁员。这个时候,怎么可能留下他呢?印度人并不气馁,他苦苦地哀求经理,并承诺任何工作都可以做。经理见他很真诚,于是收留了他,派给他一份别人都不情愿干的活——负责二楼洗手间的卫生。能够接到这份特别的工作,印度人感到很开心。他并不觉得这份工作有多么卑微,相反,他还对这份工作产生了一种特别的爱。

工作第一天,印度人发现洗手间由于长时间没人打理,灯已经坏掉了,里面黑乎乎的,而且气味很难闻。他马上从仓库找来新的灯泡换上,于是洗手间亮了起来。印度人的心一下子明亮起来,他对自己说:"伙计,开始你的新生活吧,这份工作是多么惬意啊!"然后,他开始跪在地面上用抹布一遍一遍地去擦地板;用刷子去刷马桶,墙壁也被他擦拭得干干净净,连细小的缝隙也不放过。接着,他找来了镜子安装在洗手间的墙壁上,又搬来了一盆夜来香,点燃了熏香,他甚至还搬来了破旧的音响安装在洗手间的角落里。洗手间在这个印度人的美化下，完全变了样。

有一天，饭店来了几位客人，其中一个在中途去洗手间，当他推开洗手间的门时简直不敢相信自己的眼睛。他看到的是朦朦胧胧的灯光，闻到的是沁人心脾的花香，听到的是浪漫悠扬的萨克斯乐曲，由于中午多喝了点酒，不知不觉中他竟然坐在马桶上睡着了。

后来，这位客人迫不及待地把他的奇遇告诉了他最要好的朋友，让他也来享受一下这个特别的洗手间。就这样，一传十，十传百，渐渐地，在这个小镇上，人们都知道这条街上有一家饭店，那里的洗手间最值得一去。于是这家饭店的人气也越来越旺，生意越来越好。

过了几个月后，饭店董事长来视察，当他了解到这种情况后，马上把这个印度人叫到办公室。董事长百感交集："你对工作如此地付出和用心，你是我公司最优秀的员工。"

其实，任何一件有意义的事情，都值得我们用心去做。生活中，我们可能无法选择贵族所享受的荣耀人生，但我们可以选择以贵族心态去面对所有。这个世界上，没有卑微的人，只要我们自己不轻看自己，任何人都不会影响你的"贵族"生活。

"王侯将相，宁有种乎"，有谁，生来就注定是达官贵人的命呢？又有谁，从一开始就大富大贵呢？出身光荣，那是你的幸运；出身贫苦，那是公正的命运。哥白尼是一位面包师的儿子，开普勒出身于德国一个小旅馆老板的家庭，拉普拉斯的父亲是一位贫穷农民，当过裁缝。据说，他在华盛顿的就职仪式上发表演讲时，人群中有个声音突然喊出："这是个裁缝出身的人。"约翰逊回答说："某些先生们说我过去曾是个裁缝匠，这根本没有使我感到难堪。因为当我是个裁缝匠的时候，我享有一个优秀裁缝匠的良好声誉。"是的，也许我们无法选择出身，但是我们可以选择活得有尊严。

每一个人都有他与众不同的优点，如果，我们不想让自身的这些优点被埋没，如果我们想变得更加非凡卓越，就要相信自己，只要我们肯付出努力，我们就一定可以。其实，我们每个人都有自己尚未知晓的天赋。关键在于你持怎样的心态，世界上没有卑微的出身，只有卑微的心态，如果你相信你能成为上层社会的贵族，那就从现在开始，拿出一个贵族应有的心态，积极地为自己的梦想努力，为自己的成功进取，相信你自己，即使两手空空，你也能打造出属于自己的成功人生。

好心态让你更优秀

社会在进步，知识也在以飞快的速度更新换代，我们所生存的环境，就像一个庞大的竞技场，输赢全在我们自己。特别是在竞争激烈的现代职场中，作为个人，你要么是卓越的狮子，要么是平庸的羚羊，成为狮子或者羚羊完全取决于你的心态。

有一家成衣销售公司接到一个大订单。由于这笔订单对皮毛货品的需求量很大，老板担心皮毛供货商那里货品不足，就打算派人过去了解一下。正好公司新来了三个员工，老板想不如趁这个机会，考验一下他们，于是他吩咐三个员工去做同一件事：去供货商那里调查一下商品的数量、价格和品质。

第一个员工10分钟后就回来了，他并没有亲自去调查，而是向别人打听了一下供货商的情况就回来汇报。半小时后，第二个员工回来汇报。他亲自到供货商那里了解皮毛的数量、价格和品质。第三个员工90分钟后才回来汇报，原来他不但亲自到供货商那里了解了皮毛的数量、价格和品质，而且根据公司的采购需求，将供货商那里最有价值的商品做了详细记录，并且和供货商的销售经理取得了联系。在返回途中，他还去了另外两家供货商那里了解皮毛的商业信息，将三家供货商的情况作了详细的比较，制订出了最佳购买方案。

面对同样的一件事情，三个人所持有的心态却截然不同。第一个员工只是在敷衍了事，草率应付；第二个只能算是被动听命；真正尽职尽责地行事的只有第三个人。想一想，如果你是老板，你会赏识哪一个？如果要加薪、提升，作为老板，你愿意把机会给谁呢？答案是显而易见的。

根据故事中三个人的表现，我们不妨做一下分析：机会永远都是公平的，它曾到过我们每个人身边；但是否能抓住，就取决于个人的心态。老板给三个人的机会是相同的，只是能意识到的，却是少数。所以，第一个员工注定要成为失败者，第二个员工只能成为一个平庸的人，而第三个员工则会超越平凡，成为卓越的成功者。

在这个世界上，成功的卓越者少，失败的平庸者多。成功的卓越者活得充实、自在、潇洒。失败的平庸者过得空虚、艰难、猥琐。造成这种状况的原因是什么呢？仔细观察、比较一下成功者与失败者，我们就会发现，是"心态"导致了他们的不同人生。这是我们最值得深思的地方。然而，在工作中许多人并不理解这一点，他们对自己的老板牢骚满腹，对自己的工作懒散拖沓，对公司的前景悲观失望；而老板则时刻担心员工消极怠工，对公司产生不满情绪，动辄拍屁股走人。兢兢业业立足于自己的本职工作，心无旁骛地发挥自己潜力的员工少之又少；能专心致志于公司的发展前景，不为担心员工跳槽而费神的老板更是难得一见。

我们常常看到这样一番情形：员工们工作起来十二分不情愿，而做老板的则整天为这类事情心烦意乱。员工想尽办法逃避责任，得过且过，对自己的工作敷衍了事，老板则要为改变这种糟糕的状况而绞尽脑汁。这样发展下去的结果是，员工和老板都把大部分原本应该花在工作上的时间和精力消耗在如何打赢这场内部战上。这样只能导致两败俱伤，这样的企业还谈何发展，这样的员工怎么会有前途？

林欣在一家中型企业做文秘，她的口头禅是："那么拼命干什么？大家不是都能拿到薪水吗？"所以，林欣从来都是按时上下班，按部就班；职责之外的事情一概不理，不求有功，但求无过。

就算遇到挫折，林欣也不在意，她最擅长的就是自我安慰："反正晋升是少数人的事，大多数人还不是像我一样原地踏步，这样有什么不好？"

马宁是林欣的同事，只是普通的销售员。他的职业技能不是一流的，然而在公司里，人们经常可以看到马宁忙碌的身影。他总是热情地和同事们打招呼，一天到晚都是神采奕奕的，对于工作，他也是积极乐观，只要是领导安排的，他一定会力争第一。即使是在项目受到挫折的情况下，他也总是积极地寻求解决问题的办法，而不是打退堂鼓。

在公司，每天都能看到他忙碌的身影，尽管如此，他却始终保持乐观的态度，时刻享受工作的乐趣，因此，同事们都喜欢他。

一年后，林欣仍然做着她的文秘工作，上司对她的评价始终不好不坏。一年一度的大学生应聘热潮又开始了，上司开始关注起相关的简历来，也许，新鲜的血液很快就会补充进来，林欣这时深感自己的处境似乎有些不妙。而马宁却已经从销售员的办公区搬走，这一年，他被提升为销售经理，新的挑战才刚刚开始。

由此可见，无论你正在从事什么样的工作，要想获得成功，就要改变自己的心态。如果你也像林欣那样，总甘于庸庸碌碌地工作，从不为改进工作做任何努力，那么，即使你正从事最不平凡的工作，你也不会有所成就。

纽约中央铁路公司前总裁佛里德利·威尔森被问及如何对待工作和事业时说："一个人，不论在挖土，或者是经营大公司，他都认为自己的工作是一项神圣的使命。不论工作条件有多么困难，或需要多么艰苦的训练，始终用积极负责的态度去进行。只要抱着这种态度，任何人都会成功，也一定能达到目的，实现目标。"

那么，你想要什么样的人生呢？是卓越的品质生活，还是一事

无成呢？虽然结果并不一定能尽如人意，但如果你能选择以积极的心态来对待工作、生活，你就一定能够为自己创造出更多的机会。否则，遗憾的不只是你的老板，还有你自己，你会时常懊恼为何当初没有全力以赴。

好心态解密幸福生活

人的心态对于一个人的生活是幸福还是不幸，是快乐还是忧伤，是成功还是失败具有很重要的作用。从某种意义上说，良好的心态对于一个人具有决定性的作用。不管我们做什么，首先我们应该学会保持这种良好的心态，这样我们才可能获得幸福。

一个人的幸福感和成就感取决于他的生存状态，而其生存状态的好坏又与其心态息息相关。心态是人对人生的体验、对命运的感悟、对自我的定位；具体来说，心态是人面对困难时的意志，是对情绪的调控，是对现实与梦想的平衡。

因此我们说，幸福是自己给的，只要你能保持一种好心态，幸福就不会太远。

哈佛大学心理学专业的学生吉姆给自己找了一份兼职——照顾独居的威尔森太太，并帮她做一些家务。吉姆为人热忱，做事认真负责，深得老太太的信赖。

一天晚上，老太太敲响了吉姆的门，有些抱歉地说道："吉姆，很抱歉这么晚来打扰你。我的安眠药吃完了，怎么也睡不着觉，不知道你身边有没有？"

吉姆睡眠一直很好，从来就不吃安眠药，可是他一看到老太太十分疲惫的脸庞，心里不忍，这个时候，他突然灵机一动，就对老太太说："上星期我朋友从法国回来，刚好送我一盒新出的特效安眠药，不过我忘记放在哪里了。这样好了，您先回去，我找到就马上给您送过去。"

老太太走后，吉姆找出一粒维生素片，然后送到了威尔森太太的房间，告诉她："这就是新出的特效药，您吃了之后一定能睡个好觉。"

老太太接过药片，再三谢过吉姆后，就高兴地服下了那粒"特效安眠药"。

到了第二天吃早餐的时候，老太天兴奋地对吉姆说："你的安眠药效果好极了，我昨晚吃完很快就睡着了，而且睡得很好，好久都没有这么舒服地睡觉了。那个安眠药你能不能再给我一些？"

吉姆只好继续让老太太服用维生素片，直到服完一整盒。事情过去一年多之后，老太太还时常念叨吉姆给她的"特效安眠药"。

吉姆用一粒维生素片就让老太太进入了梦乡，这其实就是心理暗示的作用，由于老太太平时对吉姆十分信赖，因此丝毫没有怀疑吉姆给她的"特效安眠药"，在强烈的心理暗示的影响下，老太太真就相信了"特效安眠药"的神奇效用。

心理学家马尔兹说："我们的神经系统是很'蠢'的，你用肉眼看到一件喜悦的事，它会做出喜悦的反应；看到忧愁的事，它会做出忧愁的反应。"研究发现，积极的自我暗示能调动人的巨大潜能，使人变得自信、乐观。当你习惯地想象快乐的事，你的神经系统便会习惯地令你处在一个快乐的心态。当你习惯地暗示自己很幸福，你的神经系统便会习惯地让你拥有幸福的感觉。所以，我们要对自己进行积极的自我暗示，给自己输入积极的语言，比如，"我的生活正在一天天地变得更美好""我的心情愉快""真的，我过得幸福极了"等。

因此，每天睡前醒后的时间进行自我暗示是再恰当不过了。你可以躺在床上，每次花上几分钟，身体放松，进行以下自我心理暗示——描述自己的天赋和能力；想象你成功的景象；用简短的语言给自己积极有力的暗示。如：

我知道我想要的生活是什么，我一定可以实现它！

我是一个坚定的人，没有什么能动摇我的决心。

失败只是暂时的，这意味着将来我会获得更大的成功！

恐慌是顾虑造成的，我只要抛开杂念，专注于我的目标，就不会再恐慌。

我越相信自己，我的能量就越大。

我完全可以干得比别人更好。

我只要专心致志，就能做好每一件事。

我把每一天都过得很幸福，我要继续幸福下去，真好！

美国心理学家威廉斯说："无论什么见解、计划、目的，只要以强烈的信念和期待进行多次反复地思考，那它必然会置于潜意识中，成为积极行动的源泉。"心态也是如此，只要我们相信我们的积极心态是有神奇力量的，是能够帮助我们获取幸福生活的，我们就一定可以凭着这种坚定的信念，找到我们想要的幸福生活。

态度，事业成功的关键

中国有句俗语："种瓜得瓜，种豆得豆。"因此你在工作中撒下了什么样的种子，它就会结出什么样的果实。工作如此，事业如此，生活如此，人生如此，这是人间的一条铁律，无人能例外。

悲观的人爱说"人生从来都不会在我们掌控中，命运是上帝的安排"，在这种消极态度的影响下，他们就渐渐地对事业失去了进取心，因为觉得无论多么努力都是徒劳。

乐观的人就算相信"人生之事，不如意十之八九"，也还会常想"一二"。他们是自信而积极的人，他们相信可以通过自己的努力来改变自己的命运。诚如李敖所言："怕苦，苦一辈子；不怕苦，苦半辈子。"是什么让有些人的工作一团糟，而另一些人却平步青云、事业有成呢？答案是态度。

一个农民，只上了几年学，家里就没钱继续供他上学了。他辍学回家，帮父亲耕种两亩薄田。在他18岁的时候，父亲去世了，家庭的重担全部压在了他的肩上。他要照顾身体不佳的母亲，还有一位瘫痪在床的祖母。

改革开放后，农田承包到户。他把一块水洼挖成池塘，想养鱼。但村里的干部告诉他，水田不能养鱼，只能种庄稼，他只好又把池塘填平。这件事成了一个笑话，在别人看来，他是一个想发财但又非常愚蠢的人。

听说养鸡能赚钱，他向亲戚借了300元钱，养起了鸡。但是一场大雨过后，鸡得了鸡瘟，几天内全部死光。300元对别人来说可能不算什么，但对一个只靠两亩薄田生活的家庭而言，可谓天文数字。他的母亲受不了这个刺激，忧劳成疾而死。

他后来酿过酒，捕过鱼，甚至还在石矿的悬崖上帮人打过炮眼……可都没有赚到钱。

36岁的时候，他还没有娶到媳妇。即使是离异的带着孩子的女人也看不上他，因为他只有一间土屋，随时有可能在一场大雨后倒塌。娶不上老婆的男人，在农村是没有人看得起的。

但他还是没有放弃，不久他就四处借钱买了一辆手扶拖拉机。不料，上路不到半个月，这辆拖拉机就载着他冲入一条河里。他断了一条腿，成了瘸子。而那拖拉机，被人捞起来，已经支离破碎，他只能拆开它，当作废铁卖。

几乎所有的人都说他这辈子完了。

但是多年后他成了一家公司的老总，手中有一亿元的资产。现在，许多人都知道他苦难的过去和富有传奇色彩的创业经历。许多媒体采访过他，许多报告文学描述过他。曾经有记者采访他。

记者问："在苦难的日子里，你凭借什么一次又一次毫不退缩？"

他坐在宽大豪华的老板台后面，喝完了桌上的一杯水。然后，他把玻璃杯子握在手里，反问记者："如果我松手，这只杯子会怎样？"

记者说："摔在地上，碎了。"

"那我为什么还要松手呢？"

记者听了，无言以对。

从一个贫苦的农民到拥有上亿资产的老总，他之所以能取得这样的成功，关键在于他迎难而上，永不言弃的人生态度。其实，任何人都有获得成功的潜力，只要我们敢于向困境宣战，不要轻易放弃自己的梦想，我们就一定能看到成功。所以，我们要做的就是像故事中的主人公一样，即使只有一口气，也要努力去拉住成功的手，除非上苍剥夺了你的生命。

我们常常困惑，相同的岗位，同样的舞台，有的人能将工作做得有声有色，风生水起，有些人却是一番惨不忍睹的景象。不是大家的智商有多大的差距，关键是态度影响了他们事业的成败。

两个乡下人外出打工，一个打算去上海，一个打算去北京。可是在候车厅等车时，又都改变了主意。因为他们听邻座的人议论说，上海人精明，外地人问路都收费；北京人质朴，见吃不上饭的人，不仅给馒头，还送旧衣服。去上海的人想，还是北京好，赚不到钱也饿不死，幸亏车还没到，不然真掉进了火坑。去北京的人想，还是上海好，给人带路都挣钱，还有什么不能赚钱的呢？幸好我还没上车，不然就失去了一次致富的机会。

他们在退票处相遇了。原来要去北京的人得到了去上海的票，要去上海的人得到了去北京的票。去北京的人发现，北京果然好，他初到北京的一个月，什么都没干，竟然没有饿着。不仅银行大厅的太空水可以白喝，而且商场里欢迎品尝的点心也可以白吃。去上海的人发现，上海果然是一个可以发财的城市，干什么都可以赚钱，带路可以赚钱，开厕所可以赚钱，弄盆凉水让人洗脸也可以赚钱。只要想办法，再花点力气就可以赚钱。

凭着乡下人对泥土的感情和认识，第二天，他从郊外装了十包含有沙子和树叶的土，命名为"花盆土"，向看不见泥土又爱花的上海人出售。当天他在城郊间往返六次，净赚了50元钱。一年后，凭借贩卖"花盆土"的收益，他在大上海拥有了一间小小的门面房。在长期的走街串巷中，他又有一个新发现：一些商店楼面亮丽而招牌较黑，一打听才知道是清洗公司只负责洗楼而不负责洗招牌的结果。他立即抓住这一空当，买了梯子、水桶和抹布，办起了一个小型清洗公司，专门负责清洗招牌。如今他的公司已有150多名员工，业务也由上海发展到了杭州和南京。

后来，他坐火车去北京考察市场。在北京站，一个捡破烂的人把头伸进卧铺车厢，向他要一个啤酒瓶。就在递瓶时，两人都愣住了，因为5年前他们曾经交换过一次车票。

在每个人的一生中，都有很多可以改变自己命运的机会，是往好的方面改变，还是往坏的方面改变，完全在于一个人对当时情形的认识。也就是说，有什么样的看法，往往就会有什么样的命运。或成或败，关键在你的态度。

一个人对他的事业抱有什么样的态度，就会有怎样的果实。不同的态度塑造不同的人，也缔造不同的人生。我们并非是完全被动的，我们可以选择对事业的态度。在情商的概念中有一条相当有影响力的说法，叫作"操之在我"，就是说事物如何发展都是在于"我"，而非其他。

心有多大，舞台就有多大

人们常说：一个人的心有多大，属于他的舞台就会有多大。

一个人只要有勇气为自己制定梦想，那么，他就已经成功了一半。如果你只想做一只在金丝笼中安逸生活的金丝雀，就注定会失去整片天空。

摩根诞生于美国康涅狄格州哈特福的一个富商家庭。摩根家族1600年前后从英格兰迁到美洲大陆。最初，摩根的祖父约瑟夫·摩根开了一家小小的咖啡馆，积累了一定的资金后，又开了一家大旅馆，既炒股票，又涉足保险业。可以说，约瑟夫·摩根是靠胆识发家的。

生活在传统的商人家庭，受着特殊的家庭氛围与商业熏陶，摩根年轻时便敢想敢做，颇具商业冒险和投机精神。1857年，摩根从哥廷根大学毕业，进入邓肯商行工作。一次，他去古巴哈瓦那为商行采购鱼虾等海鲜归来，途经新奥尔良码头时，他下船在码头一带兜风，突然有一位陌生人从后面拍了拍他的肩膀："先生，想买咖啡吗？我可以出半价。"

"半价？什么咖啡？"摩根疑惑地盯着陌生人。

陌生人马上自我介绍说："我是一艘巴西货船船长，为一位美国商人运来一船咖啡，可是货到了，那位美国商人却破产了。这船咖啡只好在此抛锚……先生，您如果买下，等于帮我一个大忙，我情愿半价出售。但有一条，我们必须现金交易。先生，我看您像个生意人，才找您谈的。"

摩根跟着巴西船长一道看了看咖啡，成色还不错。想到价钱如此便宜，摩根便毫不犹豫地决定以邓肯商行的名义买下这船咖啡。然后，他兴致勃勃地给邓肯商行发出电报，可商行的回电是："不准擅用公司名义！立即撤销交易！"

摩根勃然大怒，不过他又觉得自己太冒险了，邓肯商行毕竟不是他摩根家的。自此摩根便产生了一种强烈的愿望，那就是开自己的公司，做自己想做的生意。

无奈之下，摩根只好求助于在伦敦的父亲吉诺斯。吉诺斯回电同意他用自己伦敦公司的户头偿还挪用邓肯商行的欠款。摩根大为振奋，索性放手大干一番，在巴西船长的引荐之下，他又买下了其他船上的咖啡。

摩根初出茅庐，做下如此一桩大买卖，不能说不冒险。但上帝偏偏对他情有独钟，就在他买下这批咖啡不久，巴西出现了严寒天气，一下子使咖啡大为减产。这样，咖啡价格暴涨，摩根便顺风迎时地大赚了一笔。

从咖啡交易中，吉诺斯认识到自己的儿子是个人才，便出了大部分资金为儿子办起摩根商行，供他施展经商的才能。摩根商行设在华尔街纽约证券交易所对面的一幢建筑里，这个位置对摩根后来叱咤华尔街乃至左右世界风云起了不小的作用。

生机和危机永远是并存的，只有敢于冒险的人才有所获。

任何逆境里都孕育着机遇，而且这种机遇的潜能和力量都是十分巨大的。为什么逆境也能够产生机遇呢？因为顺境和逆境在一定的条件下是可以转化的。环境本身是无情的，但也是公正的，它对所有人都一视同仁。环境虽然不以人的意志为转移，但是人对于环境却有主观能动性。每个人都可以努力去改变环境，到一定的时候，逆境也可能转化为顺境。摩根之所以能够取得这样大的成功，在于他有一颗敢于冒险的心，他期望更大的成功，为此，他愿意去冒险，去争取，机遇给了他舞台，最终他实现了自己的梦想。

内心充满热量，才能释放热量

爱是人生存的根本，也是人的本能。无论是施爱还是被爱的人，他们都是幸福而快乐的，他们的情操也会是坦诚而又高尚的。

一个人内心的热量，便是经由爱产生的。一个内心充满爱的人，会懂得去播撒爱，因为他知道，只有播下种子，从才会得到果实。爱是相互的，这个世界正因为有了爱，才会变得温暖美好。

一个在边远山村支教的女教师接受记者采访，当记者问到让她在贫穷的山村坚持下去的动力是什么时，女教师平静地回答道："是我的父亲。"她觉得，正因为是受到父亲身体力行的影响，她才会义无反顾地走上支教这条路。最后，这位女教师饱含深情地讲述了他父亲的故事。

我出生在一个山村，父亲在家乡是一名颇有威望的乡村医生，虽谈不上妙手回春，可在那穷乡僻壤的地方来说，算是很不错的了。在我很小的时候，母亲就去世了，所以，我经常会跟着父亲串街走巷地看望患病的乡里。

那时候，我很崇拜我的父亲，我崇拜的不是父亲精湛的医术，而是他高尚的医德。父亲每每看病，无论对方贫与富、尊与卑，他都会一视同仁，尤其是对那些穷苦人家，父亲每次看完病，绝不提钱的事，而是等对方主动送上门来，有时一等就是好几年，父亲也从没讨要过。如果遇到孤寡老人生病，父亲通常都是免费给他们治疗，而且他还会感觉这是一件很快乐的事情。

我起初并不是很理解父亲的做法，感觉他真的很傻，因为我们本身就不是富裕的家庭。但慢慢地，我理解了父亲，其实父亲在帮助乡里乡亲的同时，也收获了用金钱无法衡量的东西：尊敬与爱戴。每到逢年过节，我们家会来好多的客人；田里的活会有乡邻帮着做；我童年可以吃"百家饭"……我知道，这一切都是因为父亲的缘故。

现在，我的父亲已经不在了，但我能时常感觉到父亲在看着我，看着我做的一切，我相信，我现在的选择是令他骄傲的。

女教师讲的这个故事，令许多人为之动容。

爱，可以让一个人的内心无比富足。

《××晚报》曾登过一则关于"大学生洪战辉带着捡来的妹妹求学12年"的感人报道，这则报道一经刊出，立即引来社会各界的关注。

洪战辉不是富有的人，相反，他的家境贫寒，他要自己挣学费，还要孝敬父母，还要刻苦读书。他贫穷到没有多余的能力来帮助别人，但是他12年如一日的照顾年幼的妹妹，而这个妹妹竟是他捡来的。

洪战辉的事迹对大多数人来说是激励，我们不禁要问：是什么让洪战辉变得这样强大，强大到足以为他人撑起一片天空？答案就是他内心有爱，他内心充满了热量，一个人只有内心充满热量，他才能够释放热量。可我们有太多的人却止步在"心有余而力不足"的消极心态中。

今天，在一片追求明星梦、财富梦的声浪中，每个人都希望自己活得出色快乐。可快乐从哪里来呢？首先我们要保持一种快乐的心态，其次才是快乐的生活。

现代社会提倡和谐，我们讲和谐，不仅要力求人与人和谐，人与社会和谐，人与自然和谐，还要注重人的内心和谐。人的内心和谐是和谐社会的一个高的境界。热量来源于光，要想让我们的内心充满热量，我们就要有和谐的内心和阳光的心态，也就是营造知足、感恩、达观的心理，树立喜悦、乐观、向上的人生态度，通过个人内心和谐来促进家庭和谐、生活和谐和社会和谐。

我们现在有一些人常常会有这样的困惑：就是自己的财富在增加，但是幸福感在减少；拥有的越来越多，但是快乐越来越少；沟通的工具越来越多，但是深入的交流越来越少；认识的人越来越多，但是真诚的朋友越来越少；房子越来越大，里面的人越来越少；精美的房子越来越多，完整的家庭越来越少；路越来越宽，心越来越窄……对此，我们不禁要问：究竟哪里出了问题呢？心态出了问题。我们有了好心情才能欣赏好风光；有了好心态才能让大家建立积极的价值观，获得健康的人生，释放强劲的影响力。

你的内心如果是一团火，就能释放出光和热；你内心如果是一块冰，就是融化了也还是零度。要想温暖别人，你内心要有热；要想照亮别人，请先照亮自己；要想照亮自己，首先要照亮自己的内心。送人温暖，在让他人的心暖起来的同时，自己内心也会变得更加温暖。

一个被温暖充盈着的人，内心也会变得充实。这种充实，往往伴随着一种人生价值意义的追问，一种精神境界的自觉提升，最终变为一种快乐、幸福的感觉。因而，内心温暖的人，不会排斥物质财富的追求，收入多一点，日子过得好一点，皆是人之常情。但追求并不会到此停步，而是致力于为心灵搭建一座温暖的"大房子"，获得精神上的富足。有的人"穷得只剩下钱"，就在于只追求了身外的"大房子"，心灵却无处归依。"善人通过行善获得幸福"，正在于许多人通过奉献爱心感觉到，为他人送去温暖，自己会更幸福，内心更富足。

用心呵护梦想

　　一个人只有有了梦想,他才会有为之努力奋斗的动力。哈佛法学院教授德里克·博克是位非常受尊重的人,他曾说过这样的话:"我早已致力于我决心保持的东西。我将沿着自己的路走下去,什么也无法阻止我对它的追求。"

　　每个人都需要梦想,梦想实现与否,全取决于我们自己。只要我们不放开呵护梦想的手,我们就一定会实现。下面我们来看一个关于梦想的故事,这个故事有些长,长到一个人用40年的时间来呵护着心中的一个梦。

　　芝加哥市一位名叫赛尼·史密斯的中年男子,向当地法院递交了一份诉状,要求赎回自己去埃及旅行的权利。因为它涉及的内容非同寻常,所以立即引起了人们极大的关注。

　　事情发生在40年前,当时赛尼·史密斯只有6岁,在威灵顿小学读一年级。有一天,品德课老师玛丽·安小姐给学生们布置作业,让大家说出自己未来的梦想,全班24名同学都非常积极和踊跃,尤其是赛尼,他一口气就说出两个:一个是拥有一头属于自己的小母牛,另一个是去埃及旅行。

　　当玛丽·安小姐问到一个名叫杰米的男孩时,不知怎么搞的,他一下子没想出自己未来的梦想,因为他所想到的,别人都说了。为了让杰米也拥有一个自己的梦想,玛丽·安小姐建议杰米向同学购买一个。于是,在老师的见证下,杰米用3美分向拥有两个梦想的赛尼买了一个。由于赛尼当时太想拥有一头自己的小母牛了,于是就把第二个梦想——"去埃及旅行"卖给了杰米。

40年过去了,赛尼·史密斯已是人到中年,并且在商界小有成就。40年来,他去过很多地方,如瑞典、丹麦、希腊、沙特、中国、日本,然而他从来没有去过埃及。难道他没想过去埃及吗?不,他想过。据他说,自从他卖掉去埃及的梦想之后,他就从来没忘记过这个梦想。但是,作为一个虔诚的基督徒来说,他不能去埃及,因为他已经把这个梦想卖掉了。

现在,他和妻子打算到非洲去旅行,在设计旅行线路时,妻子提议埃及的金字塔是重点观光项目。赛尼·史密斯忍无可忍了,他决定赎回那个梦想,因为他觉得只有这样,他才能心安理得地踏上那片土地。

令人遗憾的是,赛尼·史密斯没有如愿以偿。经联邦法院认定,那个梦想已经价值3000万美元,赛尼·史密斯要想赎回去必然会倾家荡产。其中的缘由,从杰米的答辩状中可以略知一二。

杰米是这样说的:"在我接到史密斯先生的律师送达的副本时,我正在打点行装,准备全家一起去埃及,这好像是我一口回绝史密斯先生要求赎回那个梦想的理由。其实,真正的理由不是我们正准备去埃及,而是这个梦想本身的价值。

"小时候我是个穷孩子,穷到不敢拥有自己的梦想。然而,自从我在玛丽·安小姐的鼓励下,用3美分从史密斯先生那里购买了这个梦想之后,我彻底改变了,我的心灵变得富有了。我不再淘气,不再散漫,不再浪费自己的光阴,我的学习有了很大进步。我之所以能考上华盛顿大学,我想完全得益于这个梦想,因为我想去埃及。

"我的儿子现在斯坦福大学读书,我想也是得益于这个梦想。因为从小我就告诉他,我有一个梦想,那就是去埃及,如果你能获得好的成绩，我就带你去那个美丽的地方。我想他就是在埃及金字塔的召唤下，走入斯坦福大学的。现在我在芝加哥拥有6家超市，总价值超过2500万美元。我想，如果我没有那个去埃及旅行的梦想，我是绝对不会拥有这些财富的。"尊敬的法官和陪审团的各位女士、先生们，我想，假如这个梦想属于你们，你们也一定会认为它已经融入你们的生命之中，已经和你们的生活、你们的命运紧密相连。你们也一定会认为，这个梦想就是你们的无价之宝。"

要花3000万美元赎回一个以3美分卖出去的梦想，在有些人看来也许没有必要，或者说根本不值得。然而，赛尼·史密斯发誓说，哪怕花两个3000万，也要将那个梦想赎回。因为，现在他才明白，人的一生中最珍贵的东西就是——梦想。

美国著名作家杜鲁门·卡波特说："梦是心灵的思想，是我们的秘密真情。"梦想有一种巨大的魔力，能够不断召唤着你前进。因此，无论你的梦想怎样模糊，也不管你的梦想看似多么地不可思议，只要你勇敢地听从梦想的召唤，正视它，并坚持不懈地走下去，就能使梦想变成现实。

图书在版编目（CIP）数据

心态决定人生 / 文德主编. — 北京：中国华侨出版社, 2018.3（2024.3 重印）

ISBN 978-7-5113-7529-2

Ⅰ.①心… Ⅱ.①文… Ⅲ.①人生哲学—通俗读物 Ⅳ.① B821-49

中国版本图书馆 CIP 数据核字（2018）第 031313 号

心态决定人生

主　　编：	文　德
责任编辑：	高文喆
封面设计：	李艾红
美术编辑：	郭　静
经　　销：	新华书店
开　　本：	880mm×1230mm　1/32 开　印张：8.5　字数：250 千字
印　　刷：	三河市新新艺印刷有限公司
版　　次：	2018 年 5 月第 1 版
版　　次：	2024 年 3 月第 9 次印刷
书　　号：	ISBN 978-7-5113-7529-2
定　　价：	36.00 元

中国华侨出版社　北京市朝阳区西坝河东里 77 号楼底商 5 号　邮编：100028
发行部：（010）88893001　　传　真：（010）62707370

如果发现印装质量问题，影响阅读，请与印刷厂联系调换。